基于流域尺度的河流治理技术体系与措施

沈 鑫 著

U0353143

中国纺织出版社

图书在版编目（CIP）数据

基于流域尺度的河流治理技术体系与措施 / 沈鑫著
. -- 北京 ：中国纺织出版社，2019.6
ISBN 978-7-5180-4139-8

Ⅰ．①基… Ⅱ．①沈… Ⅲ. ①河道整治－研究 Ⅳ.
①TV85

中国版本图书馆CIP数据核字(2017)第241453号

责任设计：林昕瑶   责任编辑：韩   阳
责任印制：储志伟

中国纺织出版社出版发行
地   址：北京市朝阳区百子湾东里A407号楼   邮政编码：100124
销售电话：010-67004422   传真：010-87155801
http://www.c-textilep.com
E-mail：faxing@c-textilep.com
中国纺织出版社天猫旗舰店
官方微博http://weibo.com/2119887771
北京虎彩文化传播有限公司印制   各地新华书店经销
2019年6月第1版第1次印刷
开   本：880×1230   1/32   印张：7.25
字   数：180千字   定价：51.00元

前言
PREFACE

　　以往，人们过多注重河流的社会功能，盲目开发利用河流，河流的社会经济功能得到了充分发掘，但河流的生态环境却遭到严重破坏。随着社会发展和生活水平的提高，人们开始关注河流的生态功能，河流生态修复被提上日程。然而，目前进行的河流生态修复与管理还存在很多不够协调的地方，如未能对整条河流进行系统研究（特别是沿河有多个行政区参与管理的情况下），而为了实现局部目标，对部分河段采取的整治措施又可能对其他河段造成不利影响。

　　基于流域尺度的河流综合整治，本书首先从河流生态环境的系统性和河流利用与管理的协调性出发，并通过对河流功能属性的分析，以河流的自然功能和社会功能作为评估依据，将河流划分为 5 类不同的功能区，即禁止开发河段、规划保留河段、限制开发河段、调整修复河段和开发利用河段；然后制定与各功能区相应的治理模式，包括河流的防洪设计和形态多样性设计；最后将河流的开发利用与保护结合起来，以实现河流各类功能的持续稳定。

目录
CONTENTS

第一章 | 基于流域尺度的
河流治理现状 /1
第一节 背景研究 /2
第二节 研究现状 /3

第二章 | 基于流域尺度的
河流功能区划研究 /9
第一节 河流功能区划的必要性 /10
第二节 区划原则 /11
第三节 功能区类型划分 /12
第四节 复州河河流功能区划研究 /17

第三章 | 基于功能区划的
河流综合治理设计 /23
第一节 防洪设计 /24
第二节 河流形态多样性设计 /29
第三节 综合分析 /35

第四章 基于流域尺度的
河流岸坡适应性设计 /37
第一节 河流岸坡设计 /39

第五章 基于流域尺度的
河流人工湿地建设 /43
第一节 人工湿地生态景观设计 /45
第二节 河流人工湿地建设 /47
第三节 河流人工湿地设计实例 /53
第四节 小结 /55

第六章 基于流域尺度的
河流生态修复 /57
第一节 自然过程连续性导向的
河流生态系统修复规划方法 /58
第二节 自然过程连续性导向的
河流生态修复相关理论及实践研究 /94
第三节 小结 /118

第七章 基于流域尺度的
河流生态修复评价 /121
第一节 河流生态修复效果验证原则 /122
第二节 复州河生态修复效果验证 /125

第八章 　淮河水污染治理机制研究　　　　　　/129
　　第一节　淮河流域水污染治理机制现状概述　　/132
　　第二节　淮河流域水污染治理机制存在的
　　　　　　问题及原因　　　　　　　　　　　　/146
　　第三节　发达国家水环境污染治理的经验　　　/163
　　第四节　完善水环境污染治理机制的措施　　　/173

第九章 　河道生态治理常用
　　　　　　技术要点及养护要求　　　　　　　　/185
　　第一节　城市河道生态治理常用技术　　　　　/186
　　第二节　城市河道生态治理
　　　　　　主要产品及适用条件　　　　　　　　/190
　　第三节　杭州城区河道生态治理模式推荐　　　/202
　　第四节　城市河道生态治理设施养护要求　　　/210
　　第五节　城市河道生态治理方案设计规范要求　/217

　　参考文献　　　　　　　　　　　　　　　　　/221

第一章

基于流域尺度的河流治理现状

第一节　背景研究

河流是水生物生存的自然空间和人类得以繁衍生息的宝贵的水资源。自古以来，人类利用和依赖河流而生存；但是，河流带来的洪水和泥石流等自然灾害也使人类在利用河流的同时，不断采取各种工程措施改造和治理河流。河流治理由来已久，大致可分为四个阶段：自然原始阶段、河流工程控制阶段、河流污染治理阶段以及现在人们普遍关注的河流生态修复阶段。以往河流治理大都是在没有对整条河流进行系统研究的基础上进行的整治活动，特别是沿河有多个行政区参与管理的情况下，因此河流利用与管理出现了很多不协调的现象。首先，纵向上，一条河流分属于不同的行政区，各区段为了实现自身局部目标，往往不顾自己的举措会对其他河段可能造成的影响；横向上，传统河道被道路、住宅区等侵占，河流系统空间减小，过水能力降低；另外，修筑的大坝、堤防使河流连续性遭到破坏，河流生物栖息地被分割、孤立，生态环境破坏严重，生物多样性减少甚至消失，河流自我修复能力降低，生态系统退化。

随着社会经济的发展，人们对生态和环境质量的要求和期望也越来越高，优化河道治理模式、创造丰富的生态环境受到普遍重视。现代河道治理不能局限于防洪抗旱，为了治河而治河；而应通过流域的综合整治与管理，使水系的资源功能、环境功能和生态功能得到充分发挥，使整个流域实现可持续发展。首先本书基于流域功能区划的河流综合整治，以维持河流生态环境的系统性、连续性和功能的完整性为目的，分析影响河流功能状况的影响因子，评判河流的综合功能状况，依此进行功能区划分，为河流的生态治理与修复提供一个功能基础和理论依据。其次针对各类功能区的特点，确定相应的治理模式，进行河流的防洪和形态多样性设计。最后对河流生态修复效果进行检验，以期最大限度地恢复河流的生态功能。对河流进行功能区划，并制定与各功能区相适应的综合治理模式，具有重要的理论价值与实际意义。

第二节　研究现状

一、河流功能区划

2000 年，水利部依据国民经济发展规划和水资源综合利用规划，在全国范围内开展了水功能区划方面的有关工作，将河流水功能区划分为一级区划和二级区划。

过去河流功能区划方面的工作主要是集中在对城市河流的景观功能分区上，命名的方法也多种多样，按照地理位置称为西部景区、中部景区、东部景区；按照地域划分为乡村、城近郊、城区、繁华市区；按照功能划分为自然保护区、生态保护区、可开发利用区、亲水区、中心娱乐区、健身区；按照项目划分为水生植物、生态湿地、乱石步道、绿地公园；等等。

长久以来，国外没有一个国家像我国这样开展如此大范围、规模化的功能区划工作。20世纪80年代以来，区划先是以自然和自然系统的地域分带性进行，而后随着社会经济发展和科学技术进步，区划体系将自然和经济社会两要素结合起来，分别进行了全国主体功能区划、全国生态功能区划、水功能区划、海洋功能区划、防洪功能区划等。这些区划为河流功能区划的进行提供了基础。例如，海洋功能区划为河流功能区划提供了区划理念。对于海洋功能区划，学者鹿守本提出海洋功能区划要以自然属性为主，兼顾社会发展属性；杨金森提出功能区划要与经济和国家发展战略相结合。总之，我国学者在区划理念上，充分展现了生态保护、地域分异、社会经济发展以及资源的可持续发展。

河流的自然属性是维持河流存在和健康发展的基础，因此河流功能区划也要遵循主动维护河流自然生态功能的理念，在此基础上强化河流综合开发效益，努力做到人与河流和谐发展。目前对于河流功能区划的研究也较多。比如石瑞花从兼顾河流的资源、环境和生态功能的角度出发进行河流功能区划，提出了一套河流功能评估的方法体系；王飞等提出了河流功能区划的具体方法。随着社会经济的发展、河流状况的改变以及治水理念的革新，通过拟定流域各类河流河段的功能区划，明确不同河段治理、开发和保护的功能定位，实现河流的合理、有序、健康开发，促进河流生态环境保护和资源优化配置。

二、河流生态修复

河流生态治理修复经历了河流水质恢复、山区溪流和小型河流的生态恢复、以单个物种恢复为标志的大型河流生态恢复工程和流域尺度的整体生态恢复工程。发达国家的河流保护行动是从河流水质恢复开始的，大体始于 20 世纪 50 年代。水质恢复的主要工作是水污染控制。到 80 年代初，河流污染问题得到基本缓解，河流管理者把目光转向河流生态系统的健康和可持续发展方面，特别强调恢复河流的生物群落多样性。河流恢复的目标不仅是达到水质指标，更重要的是恢复河流生态系统的结构和功能。河流生态恢复行动从山区溪流和小型河流开始，首先在北欧和西欧，而后在美国和日本等国家展开，代表性的方法是"近自然方法治理"技术。在此期间，专门开展了一批科学示范工程，由科学家和工程师进行长期监测与评估，深入总结摸索规律和技术方法。大量研究表明，这些项目取得了包括水质进一步改善在内的整个河流生态系统功能恢复的显著生态效益。80 年代后期，大型河流的恢复行动开始展开，恢复行动的几何尺度为"河流廊道"，目标是以单一物种的恢复为标志，代表性的项目是莱茵河"鲑鱼—

2000 计划"。到 90 年代，科学家们提出要在更大的生态景观尺度上进行整体、综合的河流生态恢复行动，认为这样的尺度具有高效率、低风险的特点。以流域尺度进行河流恢复，在西方正处于规划和研究阶段，但有些示范工程已经进入建设阶段。以"欧盟水框架指令"（EU Water Framework Directive）为标志，欧盟国家的河流保护行动纳入法律的轨道。

与国外相比，由于国内缺少对河流生态环境的正确认识，只注重经济建设，忽视对生态环境的维护，出现了城市和工业用水挤占农业用水，农业用水挤占生态用水的现象，导致生态环境恶化，进而对经济的可持续发展构成极大威胁。具体表现如 20 世纪 90 年代以来黄河频繁断流、北方地区沙尘暴肆虐、江河湖泊水体污染严重。近几年，随着人们对河流认识的深入，对河流生态环境的治理从原来仅对河流水环境污染进行治理和改善水环境质量逐步向河流生态用水、河流生态恢复及湿地、流域生态建设等方面扩展，如成都的府南河、太原的汾河、济南的小清河等河流水环境改善工程。但从流域及河流两侧的社会发展、产业调整、土地及规划控制、生态景观建设等方面进行综合研究的成果甚少，基本上没有工程实践。

我国的水利工作历来是兴利除害，综合治理。结合我国现实国情，河流生态修复应该与防洪、河道整治、水污染控制和水环境整治、城市景观建设、新农村环境建设、旅游资源开发等工程相结合，如此才能使项目的资金使用效率提高，使生态建设工程发挥"事半功倍"的作用。在有些情况下，河流生态修复规划并不是一个独立的规划，而是防洪、河道整治、环境整治、市政建设等规划的一个组成部分。

第二章

基于流域尺度的河流功能区划研究

第一节　河流功能区划的必要性

河流一般具有航运、发电、水源等多方面功能，如何处理河流各功能属性之间的关系尚缺乏系统研究。以往以工程措施为手段改造和控制河流的传统开发利用方式，在挖掘河流社会服务功能、促进经济发展和社会进步的同时，也造成了河流生态系统的损害。一旦破坏，往往带来一系列的连锁反应，甚至灾难，最终必将影响和制约社会服务功能的发挥，对社会经济的可持续发展造成威胁，目前人类也逐步认识到了"以道德的方式对待河流的重要性"。河流功能区划的研究就是综合考虑河流各项功能以及它们之间的协调关系，明确河流在不同阶段的功能，促进河流健康有序发展。河流功能区划的提出，是在现代水利思想的指导下，根据河流的区位条件、自然资源、开发保护现状和社会经济发展需要等因素，按照河流功能标准，明确不同河段的功能属性，提出相应的控制指标和限制条件，将河流划分为不同使用类型和不同环境质量要求的功能区，用以控制和引导河流的使用方向，协调好河流开发利用和保护之间的关系；同时在维护并保护河流自然生态功能的基础上，最大程度地发挥河流系统的社会服务功能，实现河流的可持续利用，同时保护水功能区划成果。

第二节　区划原则

功能区划的根本目的就是将河流的开发利用和保护相结合，区划结果既要反映河流现状，又能体现未来需求，同时具有一定的可行性，因此河流功能区划应遵循以下几点原则。

一、统筹兼顾，前瞻性原则

功能区划应将河流流域作为一个系统，充分考虑上下游、左右岸对河流功能的需求，并且要考虑近远期的经济社会发展规划，为以后的开发利用留有余地。因此，功能区划结果既要与河流生态环境保护相协调，又要与河流综合开发利用要求相适应。

二、典型性原则

河流功能状况评价指标应具有典型性和代表性，所选指标能充分体现该地区河流的功能特征，体现河流功能属性的内涵特征；同时该指标应力求简洁、适当，易于量化和获取，尤其不能有冗余。

三、选择性原则

在具有多种功能的区域，当出现某些功能互不兼容时，应优先安排河流直接开发利用的资源和环境等条件选择性窄的项目，同时也要注意安排河流依托性开发利用功能以及非河流配套开发利用功能；同时应维护河流现状优势功能，改善其劣势功能。

四、可操作性原则

类型划分应选择目前实际使用的、易于获取和测定的指标。区划方案的确定既要能反映实际需求，又要结合技术经济发展现状。为此，应考虑指标的量化和获取数据的难易程度和可靠性，保证指标体系便于操作和计算。

第三节　功能区类型划分

一、河流的双重属性

河流是地球演化过程中的一个活跃因素，具有自然和社会双重属性。

（一）河流自然属性

河流的自然属性依赖于很多方面，包括水文属性和地质属性。从河流的形成过程来看，它依赖于山河湖海互动形成的地形、地貌及地质条件。从水文循环来看，它依赖于大气水、地表水、地下水和生物水之间的四水转换，其中洪水及洪水期携带的泥沙是河道和三角洲形成及演变的主要原因；河流在输送淡水和泥沙的同时，也运送因雨水冲刷而带入河中的各种物质和矿物盐类，为流域内和近海地区的生物提供营养物，排走和分解废弃物，并以各种形态为它们提供栖息地；从时空分布来看，它依赖于年复一年的洪枯变化、水系的形状分布和河道的弯曲特征等；从物理化学过程来看，它依赖于水量、水位、水质和物质流（泥沙、营养物和污染物）的输移和转换，形成水流的动力条件和特定的水质状况等。可以说，正是这些自然属性所赋予河流的基本特征，使得河流各项功能得以正常发挥。

（二）河流的社会属性

河流的社会属性主要是通过人类的社会活动表现出来并发挥一定功能的，它反映的是河流对人类社会经济系统的支撑程度，主要体现在以下三个方面。

第一，河流孕育人类文明。

第二，河流为人类社会提供重要的水资源，具有利用价值功能、生态环境功能和间接功能三大类。

第三，河流与人类的伦理关系。河流与人类的关系其实在一定程度上反映着人与人的关系——行为者与他人的关系以及现代人与后代人的关系——这需要人类伦理的约束。河流是自然属性与社会属性的统一体，两者之间既有和谐，也存在矛盾。长期以来，河流为人类的生存和发展作出了巨大贡献。堤防的修建虽然在一定程度上改变了河流的自然特征，却能起到防洪的作用；水库与大坝的兴修改变了河流的水力特征，但却带来了发电、防洪与灌溉等经济效益；人工运河的开挖改变了河流的平面特征，然而人们由此得到的航运效益却是巨大的。但是，人们在开发河流过程中并没有很好地遵循其自然规律，为了社会经济的发展有时片面追求最大化开发河流。对河流自然属性和社会属性两者统一性的忽略，产生了许多不利影响，例如工农业及生活污物造成河流污染，超量引水使得河流发生断流，建坝引起坝上游淤积和坝下游冲刷以及人为稳定河流导致防洪压力增大等。

总之，河流自身需求与人类社会发展要求（即河流的自然属性与社会属性）在表面上看似矛盾，但实质上应该是统一的。人类来源于自然，是自然的组成部分，人类应该与河流相互依存。如果人类社会在发展自身的同时，不能考虑到河流的需要，河流就会通过多种形式给予人类社会各种不良反馈和影响，人类社会的可持续发展也就不可能实现。

二、河流的功能区划分

（一）区划体系

根据上述河流功能属性分析，本书河流功能区划以河流的自然和社会两大功能为评估依据，并确定评价控制指标。本书通过调查流域及其周围环境现状，对其综合功能状况进行评估，确定开发与保护的适宜程度，同时借鉴最新全国流域规划修编成果，将河流功能区划分为：禁止开发河段、规划保留河段、限制开发河段、调整恢复河段和开发利用河段，如图2-1和表2-1所示。

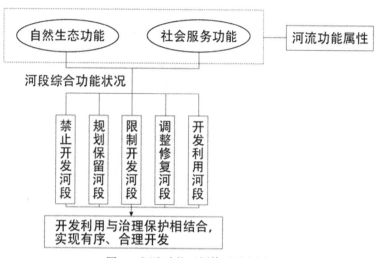

图 2-1 河流功能区划体系示意图

表 2-1 河流功能区划分及特征描述

区域	特征描述
禁止开发河段	对维护河流健康、保护河流生态环境系统和珍稀濒危物种以及自然文化遗产有特殊重要意义的河段，对该段要强制性保护，严禁开发。
规划保留河段	有一定开发潜力，目前尚无开发需求或存在无法克服的难题和制约因素，或用作资源储备的河段，对该段要严格保护，维护现状。
限制开发河段	有一定开发潜力，对维护河流生态功能有重要作用，有特殊景观、易出现水事矛盾等制约开发利用因素的河段，对该段优先保护，限制开发。
调整修复河段	开发利用已超过允许开发程度，开发利用与治理方式不当，生态环境遭到严重破坏的河段，调整目标，修复功能。
开发利用河段	有开发潜力，有开发需求，有开发条件，现状开发利用程度尚未超过允许开发程度的河段，注重保护，有序开发。

（二）区划程序

根据河流的功能属性和选取的功能评估控制指标（如表 2-2 所示），河流功能区划的具体步骤如下。

表 2-2 河流的功能属性和控制指标

河流功能属性	一级控制指标	二级控制指标
自然生态功能	地质地形	岩土类型，岸坡结构，土壤侵蚀程度，岸线退化程度以及植被覆盖率
	植生资源	植被覆盖率，珍稀濒危物种保护，自然生态环境保护要求
	水质状况	水体污染程度水质自净能力，PH值
	景观资源	重要湿地的保护要求和限制条件，自然景观的保护目标
社会服务功能	土地利用	植被覆盖率，岸线利用程度，耕地占用率，景观多样性，城镇及人口布局
	水资源开发利用	供水水质及保证率，水资源开发利用率，水环境容量，生态环境需水量
	人文景观	名胜景观丰富度，景观通达性
	堤防建设	防洪险工达标率，防洪体系完善度，防洪非工程措施达标率

（1）依据河流功能区划分要求，选取合适比例的流域电子地图，将通过实地考察和地图信息所获取的资料归纳分类。

（2)在流域水系图上，将归纳整理的资料数据加载到地图上。主要包括：已经编制完成的相关区划成果，主要有区域水功能区划、水环境保护功能区划、生态功能区划、水利功能区划、农业区划和国家经济社会发展布局及其相关主体功能区划等；各控制断面的属性数据主要包括河道断面形态、多年平均径流量、水资源开发利用现状、水质状况、生态环境用水状况、城镇布局、流域人口、经济发展状况以及沿岸供需水、航运、发电等水利工程现状和存在的问题，河流沿线的景观保护区、风景名胜区；等等。

（3）结合河流水利开发利用现状和发展规划、河流各控制断面信息、流域发展规划信息以及各类规划发展报告等，对各类控制指标进行综合评判，同时结合各类功能区的特点，确定各功能区的起止断面。

（4）对确定的河流功能区划初步成果征求各地方部门的意见，并及时采纳有益建议，对初步成果进行调整和修改。

（5）对河流功能区划成果进行合理性分析，包括：功能区的长度划分是否合理，功能区的边界是否合理，规划成果是否衔接等。在对需调整的断面进行修正后，最后完善并确定河流功能区划成果。

第四节　复州河河流功能区划研究

一、治理的必要性和紧迫性

复州河发源于普兰店市老帽山南麓，流经普兰店、瓦房店市共 10 个乡、镇，于三台子乡西蓝旗的老羊头注入渤海。它是大连地区第二大河流，干流全长 137km，流域面积 1638km²，河流上建有大型水库 2 座——松树水库、东风水库，中型水库 1 座——七道房水库，小型水库 7 座，塘坝 46 座，另有支流上的 3 座中型水库——九龙水库、莲花水库、大河水库。

本次治理规划段从七道房水库下游至西蓝旗闸入海口段，总长度为118km。

多年来复州河未得到统一规划和治理，历史问题由来已久，加上人们对河流现代功能的新需求，其问题主要表现在以下几个方面。

（1）缺乏总体规划，河道整治、建设、管理缺乏依据。

（2）复州河河道坡降大、河道窄、河流洪枯水位变差大，汛期洪水暴涨暴落，洪峰持续时间短，常发生洪水灾害。1981年，复州河上游普降暴雨，使得老帽山一带山洪暴发，产生巨大泥石流，严重毁坏了村庄、农田和水利工程，下游河道严重淤积。

（3）河道中垃圾随意倾倒，构筑物挤占河道，行洪能力低，防洪标准偏低，目前堤防满足20年一遇防洪标准的河段仅占40%。

（4）水资源开发利用程度很高，缺乏统筹规划。复州河流域地表水资源利用量占水资源可利用量的48.4%。其中松树库上游开发率已达到46%，莲花水库和大河水库上游开发率最高，分别达到66.0%、63.7%，已超过了国际公认的水资源开发利用警戒线。

（5）河道无调蓄能力，枯水季节流量小，水质污染、生态环境恶化等问题普遍存在。重点污染河段从蔡房身大桥至东风水库入口，单指标评价结果水质类别为劣 V 类标准，综合污染指数评价结果为中度污染。

（6）河道亲水性差、两岸植被很少，不能满足现代化村镇的美化、休闲等方面的要求。针对复州河现状和河道流域特性、治理开发现状及存在问题，本书提出了基于功能区划的河流综合整治方案。

二、复州河河流功能状况评估

本书对于复州河流域的功能进行了评估，从河流的纵向和横向两方面综合评估了河流的自然和社会功能。纵向上，对整条河流上下游统筹分析；横向上，评价指标反映了河流的水域和岸线状况。水域是河流系统的主要组成部分，是河流系统功能的源泉；另外，河流岸线是自然生态系统的另一重要组成部分，是河流生态系统与陆地生态系统之间的过渡区，对增加物种种源、提高生物多样性和生态系统生产力、进行水土污染治理与保护、稳定河岸、调节微气候和改善环境、开展旅游活动均具有重要的现实和潜在价值。结合复州河实际状况，本书对复州河的自然功能评估要素主要包括地质地形、植生资源、河流水质和景观资源四个方面；社会功能评估要素包括土地利用、水资源开发利用状况、人文景观和堤防完善度。

（一）自然功能状况

地质地形：复州河流域地势东北高、西南低，上游属山区，卵石层为主，含有漂石；中下游地区过渡为中粗砂混卵石地层，平原与丘陵交错分布，沿海区域土层厚，盐碱度大。

植生资源：复州河整个流域植被覆盖率很低，河滩地中大多布满了垃圾，其中在上游山区段分布有大量的松树、柞树和槐树，在沈太高速公路段和复州河大桥处河漫滩里有较多护岸林存在，另外在上游的七道房水库中除了常见的鲢鱼、鲤鱼和鳙鱼外，还存在素有活化石之称的俄罗斯鲟鱼。

水质状况：复州河流域上游水质较好，中游污染严重，尤以九道河和回头河两处水质最差，为劣 V 类，同时东风水库因为回头河携带的污水汇入，水质为中度污染。

景观资源：复州河流域有两处自然风光较好的自然资源，一处为七道房水库，七道房水库地形奇特，两侧山形与中间细长的水库构成了一个八卦图中阴阳鱼的景象，风景秀美；另一处是入海口处河口湿地，现为大连市生态系统最完整的湿地。

（二）社会功能状况

土地利用：复州河流域上游山区地带是该地区重要的果产区。同时也是国家重要果品生产基地；中游为人口稠密的城镇段，两岸主要是农田、厂房和果园；下游则主要是农田，主要作物为玉米、小麦和水稻。

水资源开发利用：复州河上有多座水库，开发利用程度很高，其中松树水库承担瓦房店市的城镇工业和生活用水，开发利用程度已达到46%；东风水库为集防洪、灌溉、供水、养鱼等综合利用的大型水库，在汛期承担一定的发电功能，主要用于瓦房店市的城镇供水和农田灌溉。大河水库和莲花水库在整个复州河流域的开发利用程度是最高的，分别达到了63.7%和66%，远远超过了国际公认的 40% 的水资源开发利用警戒线。回头河因主要位于城镇段，一方面不具备修建水利工程的条件，另外该河污染非常严重，不具备开发利用价值，其开发利用率仅为 2.4%。

人文景观：复州河流域主要有两处景观，一处为瓦房店市北部龙潭山上的龙华宫，是辽南地区的道教活动场所；另外就是复州古城，名胜颇多，建于唐代的名刹永丰寺、辽代的永丰塔和道光年间的横山书院均位于此。

堤防建设：复州河在上游山区段有较完善的堤防，中下游基本无堤防建设或者只有少量不连续天然土堤存在。

河流功能评估以河段为单位来进行，一般以河流的重要控制点、较大支流汇入处、市（地）级行政区域作为河段的划分节点。

第三章

基于功能区划的河流综合治理设计

第一节　防洪设计

一、计算方法

河流防洪设计主要是根据洪水频率推算水面线，确定堤顶高程，为河流防洪提供重要的决策支持。在河流防洪设计中，其水力计算必须要考虑水流泥沙的变化比，因此河网非恒定流计算具有重要的实际应用价值。本次河流水面线推求采用 DHI 开发的 MIKE Ⅱ 软件，利用其中的水动力学模块构建一维河道洪水演进模型。计算流程如下：数据收集加工→河网概化→建立水动力模型→调整计算各频率→设计洪水水面线。

MIKE Ⅱ 水动力学模型的微分方程为一维明渠非恒定流方程，即圣维南（Saint-Venant）方程组，它的基本假定是：

（1）不可压缩、均质流体。

（2）基本是一维流态。

（3）坡降小、纵向断面变化幅度小。

（4）静水压力分布。

一维非恒定流的基本方程组（圣维南方程组）为：

$$\begin{cases} \dfrac{\partial Q}{\partial x} + \dfrac{\partial A}{\partial t} = q \\ \dfrac{\partial Q}{\partial t} + \dfrac{\partial (\alpha \frac{Q^2}{A})}{\partial x} + gA\dfrac{\partial h}{\partial x} + \dfrac{gQ|Q|}{C^2 AR} = 0 \end{cases} \qquad (3-1)$$

公式 3-1 中，x 为距离坐标，t 为时间坐标，A 为过水断面面积，Q 为流量，h 为水位，q 为旁测入流量，C 为谢才系数，R 为水力半径，g 为重力加速度，Q 为量校正系数。

MIKE II 水动力学模型利用 Abbott 六点隐式格式求解河流一维非恒定流控制方程组，该离散格式并不在每一个网格点同时计算水位和流量，而是按顺序交替计算水位或流量，分别称为 h 点和 Q 点。Abbott 六点隐式格式无条件稳定，可以在相当大的 Courant 数下保持计算稳定，可以取较长的时间步长以节省计算时间。

MIKE II 水动力模块需通过以下文件实现对河道的概化：

（1）断面文件（文件扩展名：*.xnsll）；

（2）河网文件（文件扩展名：*.nwkll）；

（3）边界文件（文件扩展名：*.bndll）；

（4）参数文件（文件扩展名：*.hdll）；

（5）时间序列文件（文件扩展名：*.dfsO）；

（6）模拟文件（文件扩展名：*.simll）。

二、水面线推求

复州河防洪标准设计为 20 年一遇，设计频率洪水水面线要根据率定的河床、滩地糙率和设计频率洪水，利用设计的河流横断面进行计算，其中断面设计和据此求得的水面线结果在这个过程会有一个反复，最终保证设计的断面和水面线结果均能达到要求。设计段由于有松树水库和东风水库的存在，本次计算分为 3 段进行：河段 1：七道房水库至松树水库河段；河段 2：松树水库至东风水库河段；河段 3：东风水库至西兰旗闸感潮河段。

各段计算边界条件的确定具体如下。

河段 1，此河段模型上，边界采用七道房水库设计频率洪水下泄流量过程线，由于计算时为洪水期，考虑松树水库的调节作用，所以模型下边界采用松树水库对应频率的库水位，设计洪水频率 5% 的库水位为 111.4 m。

河段 2，模型上，边界采用松树水库设计频率洪水下泄流量过程线，下边界采用东风水库对应频率的库水位。设计洪水频率 5% 的库水位为 53.01 m。

河段 3，模型上，边界采用东风水库设计频率洪水下泄流量过程线。由于该段下游入海口河段特殊的地理位置，其高潮位持续时间间相对较长，大洪水时往往与高潮位组合，特别是台风时，大洪水与风暴潮组合引起下游高水位迟迟不退。因此，高潮位与大洪水同频率组合的概率非常大。各频率设计洪水与各频率设计潮位有多种组合情况，在本次计算过程中采用的是各频率设计洪水与多年平均潮位的组合，即设计洪水计算模型下边界采用多年平均潮位。由大连中心海洋站长期观测资料提供分析成果，入海口处多年平均高潮位 1.788 m。河流水力计算成果如表 3-1 所示。

表 3-1 河流各断面水力计算成果

七道房水库至松树水库河段		松树水库至东风水库河段		东风水库至西兰旗闸河段	
断面桩号	计算水面线(m)	断面桩号	计算水面线(m)	断面桩号	计算水面线(m)
0+000	139.35	27+172	90.31	55+070	33.58
0+565	137.33	28+055	88.78	56+395	32.57
1+100	136.34	28+730	88.19	58+181	30.00
2+100	133.68	29+110	87.20	60+030	27.69
3+100	130.79	30+040	86.86	62+113	26.65
3+500	129.64	30+390	86.45	64+181	24.48
4+500	127.29	31+420	85.83	66+142	22.87
5+500	124.96	32+620	83.69	67+760	21.49
6+200	123.16	34+205	79.90	68+860	20.36
7+200	120.94	35+365	77.48	70+203	19.57
8+100	119.51	36+215	76.15	71+784	18.47
9+100	117.72	38+785	71.47	73+200	17.63
9+865	116.03	39+665	69.84	76+059	15.87
10+575	114.97	41+200	67.06	78+438	14.25
11+000	114.52	42+065	65.85	78+662	13.93
12+450	112.95	43+200	65.14	81+692	11.28
12+660	112.68	44+540	62.72	82+333	10.93
13+220	112.15	45+736	60.87	84+040	10.03
13+800	111.84	46+545	59.52	85+694	9.04
14+150	111.58			87+778	8.00
				90+402	6.74
				92+429	5.77
				92+827	5.73

因堤防按照 20 年一遇防洪标准设计，为 4 级堤防，确定其安全加高值为 0.6 m，风浪爬高参照英那河水库下游河道防洪能力研究及重点河段洪灾损失评估报告；七道房水库至东风水库河段取值 0.6 m，东风水库至河口取值 0.7 m。

三、下边界敏感性分析

考虑到实际过程中汛期水库水位的不确定性和河口潮位的不确定性，因此，需对下边界上游断面水位及过流能力进行敏感性分析。

七道房水库至松树水库河段，模型下边界取松树水库讯限水位 1114.44 m 和以 0.5 m 变化作为一个方案分别模拟运算，比较结果如表 3-2 所示。

表 3-2 敏感性分析结果比较

0	1	2	3	4
序号	七道房至松树	下边界为设计讯限水位 111.44m 时模拟水位(m)	下边界为 111.94m 时模拟水位(m)	3-2 差值 (m)
1	0+000	139.35	139.35	0
2	0+565	137.33	137.33	0
3	1+100	136.34	136.34	0
4	2+100	133.68	133.68	0
5	3+100	130.79	130.79	0
6	3+500	129.64	129.64	0
7	4+500	127.29	127.29	0
8	5+500	124.96	124.96	0
9	6+200	123.16	123.16	0
10	7+200	120.94	120.94	0
11	8+100	119.51	119.51	0
12	9+100	117.72	117.72	0
13	9+865	116.03	116.03	0
14	10+575	114.97	114.97	0
15	11+000	114.52	114.52	0
16	12+450	112.95	112.95	0
17	12+660	112.68	112.68	0
18	13+220	112.15	112.152	0.002
19	13+800	111.84	111.92	0.08
20	14+150	111.58	111.88	0.3

由计算结果分析可知，下边界的不确定性对上游水位影响不大。因此，七道房水库至松树水库河段，模型下边界取 111.44 m。松树水库至东风水库河段，模型下边界取东风水库讯限水位 53.01 m。东风水库至入海口河段，模型下边界选取多年平均高潮位 1.788 m。

第二节　河流形态多样性设计

　　波动的自然水流在流动过程中，通过对泥沙的侵蚀、搬运和堆积，形成了蜿蜒曲折的河流，创建了河流浅滩、深潭以及洪泛区等独特的多样性地貌形态。大量研究表明，河流的这些地貌特征更有利于稳定、消能、净化水质以及生物多样性的保护，也有利于降低洪水的突发性影响。因此，在满足河道行洪能力的要求下，尽力通过改善河流地貌特征提高河流形态多样性，是目前河流修复的一个重要方面。

　　一、河流形态修复的原则

　　（一）河道安全泄洪原则

　　在对河流形态进行修复时，首先应保障河道安全排泄一定量级的洪水。即河道形态设计既要符合生态学原理，更要符合水利工程学原理。

　　（二）河流联通性原则

　　河流的联通性包括河流横向和垂向的联通性。横向主要是实现主河槽与洪泛区的连通性；垂向则是生态护坡的设计，避免堤防和河道的衬砌阻断了地表水与地下水的联通。

（三）因地制宜原则

河流形态多样性修复应结合河道两侧土地利用情况、区域经济发展规划以及河流的地形条件来进行。

根据上述河流形态修复原则和复州河的实际状况，对复州河的形态修复从以下几个方面来进行。

（1）保持河道自然平面形态。在河道治理中，本着尊重历史、尊重自然的原则，尽量保持河道现有平面形态，河道宜宽则宽，宜弯则弯，在有条件的地方增设河滩地。

（2）采用多样性断面。在满足河道功能的前提下，尽可能采取复式断面，难以实现时保持河道原始断面。

（3）增加水域栖息地多样性。在治理规划中，尽量营造具有不同水深、流速的多样性水域栖息环境，顺应不同生物发育和生长的需求。

（4）采取植物护坡。复州河大部分河段为天然土坡，通过引入植被、应用生态工程技术来进行岸坡侵蚀防护，既可以达到稳定岸坡的作用，又可以提供遮阴、降低河流水温，同时还可以增强两岸的景观和美学价值，并为野生动植物提供多种栖息地环境。

二、复州河河流形态修复

（一）平面布置

河流平面布置需根据前期功能区划成果，针对河段现状功能特点和需求，对河流进行防洪、亲水和景观等方面的综合 设计。

下面以七道房水库至松树水库段的 4+50 至 5+500 河段为例介绍。此河段划定为限制开发区河段，治理规划一方面要依据防洪标准加固堤防，同时右岸有普兰店市第二十八中学和同益乡敬老院，应考虑人们的"亲水"需求和该段的景观建设，提高河流的生态健康性。通过布置亲水台阶、步行道以及野营地等，方便岸边休闲人群的活动。

（二）河流横断面设计

复州河为典型的季节性河流，河道在汛期水量丰沛，而在枯水季节内基本无水；为了给河流生物提供基本的生存条件，实现河道长流水的目标，河流横断面采用复式断面。本次标准横断面设计为 3 级：堤防高度按照 20 年一遇洪水标准设计；主槽按照两年一遇洪水设计；第 3 级断面根据恒定流，采用 4 月~6 月平均流量计算设计。

在设计中，糙率 $n=0.03$，边坡系数 $m=2$，河槽初设水深 $h=1m$，河道七道房水库至松树水库段 $i=0.0022$，松树水库至东风水库段 $i=0.0017$，东风水库至珍珠河段 $i=0.001$，珍珠河至河口段 $i=0.0005$。河槽初设水深 $h=1m$，在复洲河 4 月~6 月日均流量的基础上，用公式试算，结果显示上游河段河槽呈 V 字形，故采用深宽比 $h：b\in$（1/5, 1/3）重新试算，保证河槽底宽不会过窄。经计算，河槽底宽从最上游 0.7 m 逐渐拓宽至 2.7 m，河道深度从最上游 0.14 m 加深至 0.9 m，跟实际比较相符。对于河流转弯处，采取护坡设计以避免水流过度冲刷。

（三）河流纵断面设计

复州河在枯水季节流量很小，河流纵断面设计应在维持原始河底纵断面趋势的前提下尽量使其平顺，以避免一些高程较大断面在枯季流量较小时阻挡而造成下游无水。另外就是依据防洪标准确定堤防高程。

堤防高程通过河流水力计算推得的水面线来确定，图 3-1 与图 3-2 为各段根据 20 年一遇设计频率洪水推求的水面线以及设计河底高程纵断面图。

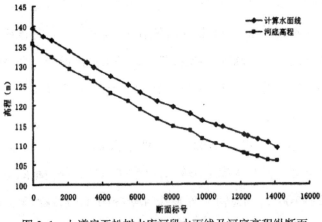

图 3-1　七道房至松树水库河段水面线及河底高程纵断面

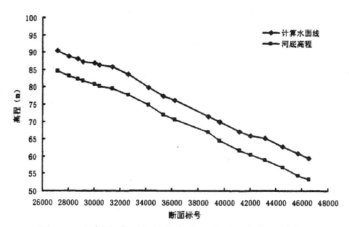

图 3-2　松树水库至东风水库水面线及河底高程纵断面

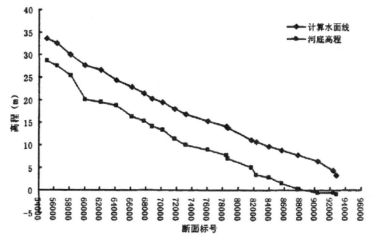

图 3-3　东风水库至西兰旗闸河段水面线及河底高程纵断面

（四）河流蜿蜒性设计

河流的重要自然特性之一就是寻求一种弯曲与蜿蜒的地貌，达到一种最稳定与最有效的状态。河流裁弯取直的复原会引起水流特性的变化，造成水沙淤积与冲刷变化，形成一系列的边滩、浅滩与心滩等泥沙堆积体的出现；这些泥沙堆积体又会造成水流流速场的不均匀性；二者的相互作用，为水生物提供了更多有利于栖息的水文与底质环境，形成自然状态下的河道形态。弯曲河段的生物群落明显要复杂于直线河流，生态环境类型也比较丰富，自净能力相对较强。

但是河流裁弯取直的恢复需要占用大量土地。在城市段河道，河流两岸土地开发利用强度较高，进行裁弯取直段的完全复原几乎是不可能的；因此对城市段河道，可以因地制宜，考虑土地利用及城市功能布局的要求，结合景观娱乐与文化资源保护上的考虑，适当提高河流的曲率和蜿蜒度，增加水面面积，有条件地满足河流恢复的要求。

以复州河为例，该拓宽段位于 11+000 桩号处。借助于左岸的宽阔地带，将河流断面平滩宽度由原来的 94 m 拓宽为 192 m。设计前后河流断面在 20 年一遇洪水下，最大平均流速由原来的 1.163 m/s 下降为 1.015 m/s，水面线由原来的 116.28 m 降为 114.46 m。另外，根据河流的蜿蜒特性和地形条件，在凹岸布置深潭，同时在深潭之间设置浅滩，以实现河流形态的多样性。

第三节　综合分析

在功能区划的基础上，根据河段所属功能区类型，进行河流的平面布置、防洪、亲水和景观建设方面的综合整治。综合治理规划以七道房水库至松树水库段的 0+000—1+100 河段和松树水库到东风水库的 20+85—10+120 河段为例来介绍。

一、0+00—1+100 河段的治理

0+00—1+100 河段为禁止开发河段。该河段主要位于山区，按照防洪标准进行堤防的加固、加高，本段河道无需拓宽。由于山区水流急的特点，拟设计小型的阶梯 – 深潭结构。利用当地的自然条件，在河床中利用粗大卵石和块石构筑阶梯段，高度在几十厘米左右；水流在流过阶梯时多为激流，在阶梯下游水流变缓，细颗粒泥沙会在此沉积，形成适宜生物生存的栖息地。研究证明，阶梯 – 深潭结构稳定了河床和岸坡，而且在同样的气候水文条件下，阶梯 – 深潭结构比不发育的阶梯 – 深潭结构河流底栖动物密度高出 1 000 多倍，生物多样性指数也大得多。

该段还是瓦房店和普兰店市的主要果产区，人类的其他干预活动较少。在山坡上栽植果树既有利于水土保持，也有助于当地经济的发展。同时可凭借该地区七道房水库优美的自然风光，适当地开展旅游业，但必须防止因人类的过度开发而对自然现状造成 破坏。

二、20+85—10+120 河段的治理

20+85—10+120 河段划分为限制开发河段。这类功能区的开发利用程度已经较高，两岸居民和工厂较多，对此一方面要创造"水安全、水环境、水文化、水经济"的生态系统建设模式，同时还要限制人类进一步的开发，以避免对现有状况造成进一步的破坏。

护坡的设计要从"水利、景观、生态和亲水"几个方面来考虑。此处位于宽阔的平原区，两岸堤防不完善，迫切需要依据防洪标准进行堤防建设；堤防设计为土质堤防，采用植被护坡，既可起到保持水土、巩固堤防的作用，又能够形成生态景观。同时清理河滩地中的垃圾，利用两岸广阔的河滩地进行景观建设，设置绿化带和步行道。

乾隆年间的龙华宫也位于此处附近的龙潭山上，是当地有名的道教活动场所，吸引了大量的游客。在河岸附近宜设立碑铭，记载其历史渊源，将复州河与该传统文化景点有机联系起来，并加强其与复州河的通达性，充分发挥两者依山傍水的优势。

第四章

基于流域尺度的河流岸坡适应性设计

前面河流的生态治理设计主要是从河流水域的角度来进行的，结合我国国情，河流堤防设计在河流治理中是一个不可缺少的组成部分。我国人口稠密，河流沿岸更是人口密集的居住区域。因此在目前河流生态修复的过程中，如何使河流堤防建设在满足防洪功能要求的基础上也为河流生态功能的发挥创造条件，是当前的一个重要任务。

德国莱茵河于 1993 年和 1995 年发生两次遭遇洪灾，主要原因是由于莱茵河生态遭到破坏，莱茵河的水泥堤岸限制了水向沿河堤岸渗透所致。目前德国进行的河流回归自然的改造，就是将水泥堤岸改为生态河堤，重新恢复河流两岸的储水湿润带，并对流域内支流采取裁直变弯的措施，延长洪水在支流的滞留时间，减低主河道洪峰流量。美国南佛罗里达州在 20 世纪 70 年代修建了很多人工河道，但逐渐发现周围湿地越来越干，生物多样性也急剧降低；于是在 20 世纪 90 年代开始了河道改造，恢复河流的自然形态，著名的洛杉矶河也正在拆除衬砌。

总之，很多国家现在都在对破坏河流自然环境的做法进行反思，逐步实施将河流回归自然的改造。20 世纪 90 年代以来，德国、美国、日本、法国、瑞士、奥地利、芬兰等国家纷纷拆除以前人工在河床上铺设的硬质性材料。采取混凝土施工、衬砌河流而忽略河流自然环境的水系治理方法，已被普遍否定，建设生态型河流岸坡成为大趋势。本章对河流岸坡的设计也是从河流河段的功能状况和地形条件来区别对待采取相应的岸坡形式，从恢复河流水域与两岸储水地带的连通性和创造河流生态景观两个方面来进行。

第一节　河流岸坡设计

不同的河段因其所处的地理区位和社会环境状况不同，主导功能也会有所差别。同前面河流功能属性的分析，本次岸坡设计也从河流的开发利用与生态保护两个角度综合考虑，加以实施。

一、生态保护河段

该区域可以大体分为两类：一类为河流自然生态现状维持较好，几乎没有受到人类活动的干扰，对于该类区域要加以保护隔离，避免对其干扰；另一类为需要进行生态保护治理的区域。

这部分河段对维护河流健康、保护河流生态环境系统和珍稀濒危物种以及自然文化遗产有特殊重要意义。这类型河段一般属于山区性河流或者具有重要生态保护价值的河段，按照河流功能区划的成果划定为禁止开发河段。其岸坡设计主要是维持其重要的生态价值和自然现状。

这类河段的岸坡设计要从努力维持河流自然形态、为其中存在的珍稀宝贵的野生生物提供栖息的角度来考虑。即尽量实现岸线的自然形态，丰富岸边植被。这样既可以为附近栖息的生物提供食物来源，也丰富了鱼类等水生生物的栖息环境。

在岸坡设计中可以应用河道治理的孔隙理论。尤其是山区性河流，河流水流湍急，对河道冲刷比较严重，因此要对河流岸坡进行加固防护。在河道治理中，使用适当质地和结构的材料。

二、生态环境修复河段

该类河段的开发利用通常已超过允许开发限度，开发利用与治理方式不当造成了生态环境的破坏。对这部分应调整河流开发利用方略，着重修复河流功能。

结合以前我国河流开发利用的弊端和目前进行的河流生态修复所拟定的目标，一般对河流岸坡进行的生态设计，从恢复河流生态功能方面，主要采取以下措施。

（1）河流护岸不再采取混凝土不透水护岸，而是注重生态型护岸的应用。生态型护岸可以充分保证河岸与河流水体之间的水分交换和调节功能。生态护岸的坡脚护底孔隙率大、鱼类巢穴多、流速变化大，为鱼类等水生物和两栖类动物提供了栖息、避难的场所。目前主要的生态护岸形式有：石笼结构生态型护岸、土工网复合植被技术、网格反滤生物工程、植被型生态混凝土、水泥生态种植基地、多孔质护岸、多自然型护岸。在具体应用时，根据相应特点综合考虑所选护岸的 形势。

（2）多样性的河流生物栖息地的创建。目前主要采取建立植被缓冲带的形式代替人工砌岸，使之成为具有栖息地、生物廊道、滨岸过滤带、生物堤等多种生态功能的生态河道。

三、河流开发利用段

对于一条河流来说，其大部分河段都将处于开发利用地段，人类罕至、保持河流纯自然功能的河段随着人类开发利用活动范围的不断扩大，几乎是不存在的，因此对于河流开发利用段的治理也成为重中之重。

这部分河段有开发潜力，同时两岸对河流也有开发需求和开发条件。对于这类河道的设计，要实现防洪与亲水的协调。河道岸线要体现自然之美，"肇自然之性，成造化之工"。尽量结合当地的自然地形进行规划设计，少动土方。横断面依自然河道地貌特征，做到河岸边坡有陡有缓。

在有条件的地方，其防洪堤可以设计成微地形堤防。隐形堤的设计在乡村段河流设计中较为普遍，两岸较宽广的地形为隐形堤的设计提供了便利条件。对生态环境段河流，因为一年之中，城市洪水泛滥的时间相对是比较短的，而人们对河道的景观需求是常年的，因此可以采用适当的技术处理将其隐蔽，做成隐形堤而不露痕迹，岸坡防护可以采取空心混凝土锁块和鱼巢砖。

现代河道治理中，将河流治理与沿岸土地利用作为一体来考虑，已成为总的趋势。在提高防洪安全度、强化地震对策的基础上，可以灵活运用河流空间作为亲水空间，创造出良好的都市环境。沿着河岸，可以利用河道管理用地建设及建设开发用地的中间地带建造公园、绿地或林地等休闲场所，将沿河土地开发与河流的广阔空间及优良环境利用结合起来。对于季节性河流，河道的非洪水期利用也是很有实际意义的，可以兼作停车场和运动场等。在堤防较高、堤内地低洼、潮湿、不利开发的地段，可以建设断面非常宽广的堤防，即超级堤防。

河流岸坡设计和水域设计是河流生态治理的两个重要组成部分。在前面河流水域生态设计的基础上，本章主要对河流的岸坡适应性设计进行了讨论。

岸坡的适应性设计从河流的功能属性出发，针对不同河流的区位条件和两岸社会功能状况，进行相适应的岸坡结构设计。本次岸坡设计主要从三个方面来展开分类探讨：对注重生态保护的河段，应尽量维护河流自然生态状况，实现岸线的自然形态，用河流的孔隙理论来进行岸坡设计；对生境待修复河段，主要是从针对以前河流开发利用中对河流岸坡设计的弊端出发，进行相应的修复设计，主要采用生态透水护岸的设计和植被缓冲带取代人工砌岸的方式来设计；河流开发利用河段在这个河流中占有很大的比重，对其岸坡设计也有多种形式：岸坡既要满足两岸防洪要求，又要具备景观功能；在有条件的地方设计隐形堤，对岸坡进行适当设计，并将其隐蔽以满足两岸景观需求；另外就是超级堤防的设计，将河流治理与两岸土地利用结合起来考虑，成为普遍趋势。

第五章

基于流域尺度的河流人工湿地建设

　　湿地是自然界生物多样性丰富的生态系统和自然景观。湿地
为人类生产生活和休闲提供多种资源，是人类重要的生存环境和
环境资本之一，水力文明和水生文明的建立与发展均以湿地为基
础。湿地在抵御和调节洪水、降解污染物等方面具有不可替代的
作用，被喻为"地球之肾"，同时还是众多野生生物，尤其是鸟
类的重要栖息地。

　　因人口增长以及人类对湿地认识的片面性等原因，湿地面积
急剧萎缩。据 2002 年有关数据统计，世界范围内湿地面积有 800
万 km^2，而 2007 年湿地面积已下降为 659 万 km^2。究其原因，大多
是因为农业和城建开发占地以及湿地来水量不足等原因，另外过
度放牧、化学物质蚀变、滥采滥伐、物理变性（填埋、滥挖、分洪、
岸旁人群影响）等也是一些影响要素。湿地的消失和退化使区域
地形地貌发生变化的同时，自身生态环境功能也在退化或丧失，区
域发展的可持续性和稳定性受到冲击。在区域发展规划中，如何
维持和创造湿地这一重要环境要素的作用，成为普遍关注的问题。

　　自然湿地面积的急剧萎缩已使某些地区的生态系统完整性和
稳定性受到威胁，在这种情况下，建设功能相似的人工湿地成为
人们努力的方向。人工湿地主要包括两大类，一类是对已被破坏
的自然湿地进行修复而形成的恢复性湿地，另一类是通过采取工
程措施和生物措施创建的全新的湿地环境。人工湿地不仅可以作
为自然湿地在量上的有效补充，更可缓解现存自然湿地所受到的
威胁和环境压力，是湿地保育的有效措施。近年来，人工湿地正

越来越多地以公园、科普教育区、生态农业园区甚至小区主景观的形式出现。但由于处理不当，人工湿地也存在一些问题，主要表现在污染严重、对生态要素设计考虑不充分、植被物种单一等，这些也是在以后人工湿地规划设计中需要解决的重要方面。

湿地是一个运动而非静止的生态系统，这个系统中包含了水文、生物地球化学、生态系统动态及物种适应等一系列复杂的物理、化学和生物过程。要建立一个具有自我组织、自我维持以及自我设计能力的人工湿地生态系统，就必须尊重湿地的生态过程。对于人工湿地而言，因其具有很强的目的性，在重视其景观形式的同时，必须要注重它作为一个生态系统的功能。因此，人工湿地设计除了要遵循景观设计的一般原则以外，还有着其特殊的原则与要求。

第一节 人工湿地生态景观设计

一、选址

人工湿地虽然能带来显著的生态效益、经济效益和社会效益，值得大力推广；但是在实际建造中对拟建造地点的地质水文条件、水资源现状、气候条件等这些现实问题仍要慎重考虑。因此在营造人工湿地时，必须选择适宜的地点，使工程具有合理的建造成本、最小的维护费用和最大的生态与经济效益。

二、形态设计

湿地设计应以整体和谐为宗旨。人工湿地虽然是人为设计，但在其形态上应尽量模拟自然状态，以适应湿地生物系统的形态和分布格局。设计中综合考虑多个因素，包括形态与内部结构之间的和谐，以及它们与环境功能之间的和谐，才能实现生态设计的初衷。

三、植物配置

植物是生态系统的基本成分，也是景观视觉的重要因素之一，植物配置设计是人工湿地景观设计中的重要一环。多种类植物的搭配，既能满足生态要求，又能达到对污水处理功能的相互补充；同时还可以实现主次分明，高低错落，形态、叶色、花色等搭配协调，以取得优美的景观构图。因此，人工湿地生态景观设计在植物的配置方面，一是考虑植物种类的多样性，二是考虑湿生植物的生态效益，以满足生态与美学两方面的要求。

四、水岸空间设计

人工湿地是一个运动着的生态系统，复杂而多样化的生态环境是这个系统维持其平衡的必要条件。在多样化的生态环境中，异质空间是最为敏感和复杂的，其中岸边环境是湿地系统与其他环境的过渡，是一种非常重要的异质空间水岸边线。水岸空间环境的设计与处理，是人工湿地景观设计的一个重要方面。

第二节　河流人工湿地建设

自然河流各物种经过长时间的演变，孕育出一种动态平衡的生态系统，这是人类无法运用有限的时空经济条件经营出来的。所以，人类应该克制他们役使自然的欲望，将人类对自然的干扰缩减到自然恢复能力之下，促使人类与环境和谐共存，维持一种相互交融的生态结构。

湿地集美观与生态功能于一体，这是其他地形地貌所无法与之匹敌的，正因为如此，湿地已经成为并将继续成为场景设计与环境规划的重要内容。如何充分发挥湿地潜能、合理配置资源、营造可持续的生态景观体系，使之由内而外地散发出蓬勃活力与健康气息，成为理想的生物栖息地，创造宜人景观，实现生态效益、经济效益和社会效益的良性循环，这是湿地生态规划设计中需要解决的重要课题。河川湿地、湖泊湿地以及海滨湿地与河道治理的关系非常密切，采取恰当的河道治理和护岸整修模式，能够有效地保护和恢复湿地的存续条件，有利于生态环境的改善。

一、河流人工湿地设计原则

作为天然蓄水库的河流湿地，具有调节河川径流、减缓洪峰、防止水旱灾害的作用；又是大气成分、温湿变化的调控体；湿地也是生物物种的基因库，对保护生物多样性，特别是水禽有重要作用；部分湿地中的泥炭，是各种污染物的吸附过滤器和环境演变的信息记录载体。随着天然湿地的消失，地球的环境修复能力也逐渐退化，生物多样性随之降低。在有条件的地点营造湿地景观成为河流生态修复的一项重要内容。

河流人工湿地的设计除了要遵循一般人工湿地的设计原则、河流生态恢复原则以外，还需考虑以下几个方面的要素。

（一）前瞻性原则

为了避免浪费时间、精力和开支，应调查最有潜力为该流域提供最大生态效益的湿地备选地点，并进行可行性分析，以最终确定地点，从而避免规划者与开发者之间以后不必要的冲突，为确保工程的成功提供保障。

（二）系统性原则

湿地状态与水文循环有着密切的联系。水的物质形态和运动方式决定了其广义的介质作用，影响着从小范围区域到整个流域内环境的变化；因此建成的湿地项目不仅可以产生局部效益，而且有可能影响整个流域的环境和生态效益，必须对所建湿地工程对整个流域的影响做系统性分析。

（三）因地制宜原则

所建工程必须综合考虑湿地与周围环境的关系，通过对流域的功能分析，将所建湿地融合到整个大的景观中，才可能使最后的工程运行状况达到理想状态。以湿地植被的选择为例，应尽量栽植本地物种，而不是预先设计栽植的植被类型。湿地规划设计中一句最朴实的座右铭就是："少预设，多了解"。

（四）工程措施与生态修复相结合原则

采取人工干预的方式会加速生态修复的进程，但自然界的自我设计与修复能力仍然是生态系统演化中最重要的因素；因此，所采取的工程措施应以使生态系统朝预期目标转化为基础，最终形成一种可以实现生态系统自我调节、自我维持的状态。

二、人工湿地设计内容

基于上述原则和人工湿地的功能，人工湿地的规划设计需要从以下几个方面做深入的工作。

（一）水域设计

湿地内不同的水深可以实现植物种类的多样性，同时也可增加生物栖息地的多样性以及处理污水的能力。湿地分区大致有明水区、深水湿地、浅水湿地、水滨带、河漫滩和高地区域。湿地用途不同，各部分所占比例也将不同。

为了加强滞洪，湿地总面积的有效布局为50%的浅水湿地、30%的深水湿地和20%的明水区；对于主要作为生物栖息地的湿地来说，水滨带和河漫滩的面积与明水区比例应为1∶1；对于污水处理湿地来说，浅水湿地面积要达到50%～70%，以便维持水流为均匀层流，从而有助于水中所含污物的去除。

（二）植被设计

湿地的美学价值就在于其植被的选择上。湿地中植被的配置意义重大，应从种类多样性、物种来源、野生生物价值、污物截流能力、对所设计水文要素的适应能力、堤岸加固功能等方面来考虑。

多种植物的混搭可以相互衬托，在视觉上形成丰富、错落有致的效果；而且植物类型多样化对病虫害的抵抗力也会增强，对处理水体污染物的功能也能相互补充。湿地植物有草本与木本植物两大类，包括挺水植物（芦苇）、浮水植物（睡莲）和沉水植物（金鱼草）等。将各层次上的植物进行混合搭配设计，从功能上来考虑，可利用茎叶发达类植物阻挡水流、沉降泥沙；利用根系发达类植物固结基质土壤，吸收有害物质，如香蒲和芦苇在吸收化学物质方面是最有效的。

在设计中，除特殊情况外，应利用和恢复原有自然湿地生态系统的植物种类，尽量避免外来物种。从其他地域引种的植物不易成活，又有可能过度繁殖，以致造成本地植物在生态系统内的物种竞争中失败甚至灭绝。如江苏盐城自然保护区疯长的引进物种——互花米草，曾一度堵塞河道，造成河道不畅，阻碍其他物种的生长。因此，在对人工湿地进行景观营造的过程中，引进外来物种要谨慎，避免造成得不偿失的后果。

（三）岸线形式及岸边环境设计

湿地的边界尽量不要设计成圆形、矩形等规则形状。利用自然弯曲的形式，既不易形成死水区，又可以使岸线长度增加，从而为野生动植物提供更多的休憩和觅食场所；同时也因为长度的增加延长了水流与岸线的接触时间，有助于水质改善。在气候寒冷地区，将湿地设计成东西走向，借助于向阳的南岸线为水鸟和一些植物提供越冬场所。

对岸线存在冲蚀危险的地点，可以让径流先通过一个作用类似于沉淀前池的沼泽地，再进入到湿地中，最后由出口排出；或者将洪水通过由草地形成的缓坡进入湿地，免去建沉淀前池这道工序。

对湿地的岸边环境进行生态设计，较合理的做法是水体岸线以自然升起的湿地基质的土壤沙砾代替人工砌筑。如果空间允许，湿地岸边应该建一个植被带，通过栽植植物构成一个水与岸的自然过渡区域，使水面与岸线呈现一种生态的交接，且可为野生动植物提供栖息地。同时，该植被区在大洪水来临的时候可以作为缓冲区延长暴雨滞留的时间，促进地下水回灌，并且此时间歇泉形成的漫滩也会提高植被的生产能力，加强湿地的自我调节功能，带来良好的生态效益。

岸坡比降，纵向上不应该超过1：3；横向上，岸坡比降应该在3：1到5：1之间。这样既利于人和动物的接近，缓坡又可以减少水流对岸线的冲蚀，并且还可以沿岸坡方向使植物周期性排干，以避免被水长期淹没。

（四）标示、交通道路设计

在一些关键地区设置小亭子或展示厅类型的建筑物，作为一种媒介向大众宣传湿地知识、介绍当地的历史文化背景，增强公众意识，拉进人们与湿地的距离。

为了使人们对湿地有更多的了解，应设计一些便利的小路、观察塔、隐蔽的野生生物观察站和野餐地等；但是对于生态极度敏感的区域，则应尽量减少人们的过度亲密接触。

（五）其他设计

当人工湿地用于处理污水时，水流流经湿地的时间是一个重要环节，一般在 10—15 天、20—40 米的流程效率最佳；但是在处理一些含有溶于水的化学物质和细菌之类的污水时，应保证距离在 100 米以上。同时，为了让湿地充分发挥作用，湿地面积应该占到流域面积的 2%—4%；当设有预处理作用的沉淀前池时，则湿地面积可减小到 1%—2%。另外，在湿地总面积相等的条件下，众多小湿地形成的湿地群与一个大的独立湿地相比更能吸引野生生物。

在湿地的布局上，为了使有毒物质尽量不通过食物链在生物体内聚集，湿地面积和数量应该从上游向下游逐渐增加，这样就会吸引野生生物更多地向下游水质更好的地方聚集。

对于污水处理湿地，为了防止对地下水资源造成威胁，必须考虑止水设计。首先在底部铺上 40cm—50cm 厚的黏土层或者 20cm—30cm 的高岭土层，捣实，然后再在上面铺上一层 5cm—

10cm 厚的砾石，将有很好的止水效果。

第三节　河流人工湿地设计实例

本次湿地设计为大沙河生态治理的一部分。大沙河生态治理段以元台桥为中心，规划范围是从元台桥向上游约 3.5km 的界河起点，到元台桥下游 3km 的界河终点，总共约 6.5km 的河道。此河段是瓦房店与普兰店的界河，地理位置重要。

具体规划中选择了三个重点河段作为景观、休闲、娱乐场所，其他河段以生态恢复为主。

第一，规划区 I 为规划河段起始处至下游 2000m 处。

第二，规划区 II 为元台桥上游 1000m 至下游 500m，共1500m 长河段。

第三，规划区 III 为规划截止处向上游共 3000 米长河段。

本次规划与以往河道治理的不同之处在于，除满足河道的防洪排涝功能以外，更突出了河道的调节生态、美化环境、娱乐体闲功能。方案中，规划区 I 与 II 以及规划区 II 与 III 之间的河段为过渡河段，其中 I、II 之间的过渡区水量不大，使其形成自然弯曲河流。II、III 间的过渡区水量较大且现状开挖严重，这部分位于河流的转弯处，右岸有两个因为挖沙形成的深潭，可以利用这两个低洼区构建人工湿地；既可以弥补因原来湿地丧失造成的景观缺陷，又可以为生物提供栖息地，有利于生态系统的恢复。

根据大沙河河流治理目标和本地区的实际情况，本次人工湿地生态设计要素包括以下几个方面。

一、水域设计

水域设计主要是通过创造不同的水深，然后栽植适应不同水深的植物；一方面构造景观效果，同时为一些水生物提供栖息、休憩的场所和食物来源，创造生态多样性。

本次湿地设计借助于挖沙形成的两个深潭，将其作为湿地的明水区。在深潭周围进行适度开挖，形成深水湿地。在两个深潭构成的明水区，栽植一些漂浮植被，此处选择水萍或者满江红。深水湿地选择金鱼藻和睡莲，而浅水湿地则选择湿生植物香蒲。湿地水边岸坡比降设计为 3∶1，湿地呈狭长型，总面积约为 $15km^2$。

二、岸线环境设计

陆地规划的主要目标以绿地建设为主，构造生态群落，形成食物链。

植物配置以师法自然、归于自然为原则，采用大量当地乡土树种，以提高植物的适应性。河岸边以杨树、柳树为主，在湿地岸边以喜水乔灌木、开花小灌木为主，形成丰富、自然、生态的植物景观；在河道浅水区也是以湿生植被为主，将河道与湿地联系在一起，将其有机地融合在一起并保持有水文联系，营造自然、生态的景观效果。

三、辅助设施设计

借助于附近的一个天然山岗，布置上山小路，并在山顶上设置观景亭，眺望整个河流、周边景观。

第四节　小结

人工湿地具有重要的生态功能价值，在当前自然湿地面积不断减少的情况下，可作为自然湿地在数量和功能上的有效补充。针对人工湿地规划中现存的一些问题，对河流人工湿地的规划设计，除了遵循一般人工湿地的设计原则和河流生态修复原则以外，还应注重前瞻性、因地制宜性、系统性、工程措施与生态修复并举方面的原则，本着尊重自然的理念进行人工湿地的规划设计。在细节上，从人工湿地的水域、植被、岸线形式、岸边环境设计等方面去把握，从而创造功能完善、状态稳定、可持续的湿地景观。

最后以大沙河生态治理中的人工湿地设计部分为例，按照人工湿地的设计原则，将湿地生态设计理念应用在实际工程当中。当然，在湿地设计完成并实施以后，要进行不断的监控，只有这样，才能及时发现不足，依据当地的实际状况作出适应性调整，使得湿地可以持续长久地发挥其应有的作用。

第六章

基于流域尺度的河流生态修复

第一节 自然过程连续性导向
的河流生态系统修复规划方法

一、自然过程连续性导向的河流生态系统修复规划流程

为了使自然过程连续性导向的河流生态修复规划具有可操作性，本章主要从对河流生态系统的现状描述、到自然过程分析、到自然过程连续性评价、再到具体的自然过程连续性修复策略的一系列步骤及具体内容。连续性的景观生态规划六步骤模式，提供了一个可以参考的框架。这个框架显示，规划不是一个被动的、完全根据自然过程和资源条件追求一个最合适、最佳方案的过程；在更多的情况下，是一个自下而上的过程，即规划过程首先应该明确什么是要解决的问题，目标是什么，然后以此为导向，采集数据，寻求答案。寻求答案的过程可以是一个科学的自上而下的过程，即从数据收集到景观改变方案的制定。

这六个层次的框架流程都必须至少重复三次：第一次，自上而下（顺序）明确项目背景和范围，即明确问题所在；第二次，自下而上（逆序）明确提出项目的方法论，即如何解决问题；第三次，自上而下（顺序）进行整个项目的研究，直到给出结论，

即回答问题。

自然过程连续性导向的河流生态修复规划策略研究的主要目的是提出一种新的河流生态修复方法整合途径，实现流域尺度到河段尺度的宏观、中观、微观层面的河流生态系统功能与结构的修复，因此规划研究框架应该在多尺度和多步骤的层次上展开。

生态修复规划流程主要参考景观生态规划研究框架的前四个步骤：一是景观表述——建立对河流生态系统的本体认知；二是过程分析——河流生态系统自然，人文过程分析；三是景观评价——河流生态系统自然过程连续性评价；四是景观改变——自然过程连续性导向的河流生态修复规划。对评估决策部分，这里暂时不予探讨。

二、河流生态系统的本体认知

河流生态系统较为复杂、开放，同时处于动态变化过程中，想要展开对河流生态系统的修复工作，必须要先来认识其客观规律，需要遵循一种合理的研究思路，形成一个宏观的研究框架，并且这个研究框架要尽可能地要接近河流生态系统的客观存在。

（一）河流生态系统的研究尺度

对河流生态修复的研究，首先要解决河流生态系统的研究尺度问题，确立了合理的研究尺度才能体现对河流生态系统研究的整体性原则。

1.时间尺度

河流生态系统的演进是一个动态过程，必须确立合适的时间尺度，才能正确地反应系统自然过程的动态性特征。时间尺度是河流生态系统难以确定的一个问题，追溯河流的演进历史，对河流产生重要突变作用的地貌和气候变化，时间尺度往往在几百年甚至数千年；对河流变化产生重要影响的土地利用方式改变又有很多种，农业种植结构的调整要几年，城市化进程要数十年，森林植被变化要数百年；人工干预的河流生态修复规划的时间尺度也不同，生态护岸、鱼道的设置只需要几个月到几年，人工湿地的重建与恢复则需要数十年时间。

按照不同生态修复内容来进行河流生态系统研究尺度的划分比较困难，且难以全面覆盖。但是，从河流生态系统过程角度出发，可以看出，自然过程的分类大体有两种类型划分，即快过程和慢过程。快过程是指在河流生态系统不同单元内部及之间的物质流、信息流、能量流和物种流，包括的过程有河水流动、洪水脉冲、地表径流、生物栖息繁衍等，在短时间尺度内可以通过观测直观可见。慢过程是指河流的发育演变过程，包括河流地貌结构的形成、河流的平面形态演变、河流生态系统食物网的建立等在自然和人类活动双重驱动力影响下的河流生态结构功能的调整适应过程。

2. 空间尺度

河流生态系统具有整体性原则，研究工作展开时，不能孤立地研究单一尺度的生态系统，因为不同尺度的河流生态系统自然过程之间是相互作用的。生态系统的诸多自然过程，包括物质运动（地表径流、泥沙输移、营养物质输移等）、能量流动（食物网）

和生物迁徙等都是在流域尺度上发生，而物质流、能量流的过程则是发生在河流廊道与流域之间进行的交换和相互作用的，生物也是在两个尺度之间迁徙运动。

景观生态学中，用斑块（patch）、廊道（corridor）、基质（matrix）3种基本元素定义特定尺度下的空间结构。每级尺度下对应的空间格局各不相同，因此需要考虑河流生态系统不同的尺度与格局之间的相互关系。河流生态系统可以按自然过程发生位置的不同划分为以下几个尺度。

（1）流域尺度

严格意义上说，流域作为尺度并不确切，因为不同河流生态系统的流域尺度的几何意义相差甚远，但是几何大小不同的流域却有类似的生态系统结构特征，所以，流域尺度才被应用在河流生态系统的研究过程中。

此处提到的流域尺度指的是中小型流域和大型河流的支流流域。

流域的自然地理、气候、地质状况和土地利用等因素决定着河流的径流量、河道类型、水沙特性等物理化学环境，这些因素对河流生态系统的自然过程有着深远的影响。流域内的水文循环过程，包括植被截流、地表径流、河道汇流、地表水与地下水交换、蒸散发、土壤下渗等，都与河流生态系统的功能与结构、景观异质性、植被、生物量等因子密切相关。流域集水区范围内的河流、支流及土壤水，成为陆生生物与水生生物食物网建立关系的纽带，河流生态系统自然过程发生的范围与水文过程在流域尺度重合。因此，研究河流生态系统的第一级空间尺度就是流域尺度。

流域尺度上，主要关注河流水系的河源、上中下游、洪泛滩区、河口、河床结构等空间格局的完整性和自然过程连续性。流域尺度上的河流生态修复主要侧重于对纵向空间格局的规划及水文过程连续性的修复。

（2）河流廊道尺度

在河流生态系统中，河流廊道具有较高的生态功能：栖息地、通道、过滤与屏障、源与汇等。

栖息地：河流廊道本身就是众多生物群落赖以正常生活、生长、觅食、繁殖的适宜栖息地。从流域尺度看，河流廊道还可以连接小的栖息地斑块，创造出较为复杂、规模较大的栖息地，供较大型野生动物生存；同时河流廊道还是迁徙鸟类的路径，河流廊道的森林植被环境及丰富的鱼类、昆虫等生物，为迁徙鸟类提供了中途休息和觅食的栖息地。河流廊道高度的景观异质性，如：河流平面蜿蜒形态形成的深潭与浅滩交错、急流与缓流相间的景观格局，河漫滩随洪水漫溢、干枯变化的景观格局等，增加了栖息地的复杂性，为维持生物群落多样性提供了基础。

通道：河流廊道结构保证了水体沿河纵向、横向和侧向三维连续运动，物质流、能量流、物种流和信息流伴随其中。如上下游泥沙、营养物质输移、鱼类洄游等活动、某些植物的种子散布和传播也依靠落入河中，向下游传播。

过滤与屏障：过滤是指有选择地允许能量、物质和生物渗透或穿过的功能，屏障功能则是阻止能量、物质和生物渗透或穿过的功能。多数情况下，河流的过滤与屏障功能同时发生。泥沙颗粒的拦截，主要靠植物的物理拦截和根系固结作用；污染水体流入河流则是通过整个河漫滩的土壤—微生物—植物系统，进行过滤、物理化学吸附、生物氧化和植物吸收等综合作用。过滤和屏障功能取决于河漫滩的宽度、形状、植被类型及结构，充分的过滤与屏障需要河漫滩有足够宽度的植被带来对外界干扰进行缓冲，也就是植被缓冲带。若植被缓冲带分布出现狭窄的缺口或是中断，过滤与屏障作用会被大大削弱。

源与汇：河流廊道的地表水和地下水相互补给是典型的源与汇关系。当地下水位低于河道内水位时，河水通过周围土壤等介质向外渗透、回灌地下水，此时河流表现为"源"功能；相反，地下水位高于河道内水位时，则经由土壤等介质渗入河道，此时河道表现为"汇"功能。由于水文过程表现为动态变化特征，地表水和地下水水位常处于不断变化的过程中，因此，河道的"源"与"汇"角色经常互换。

河流的源与汇功能也体现在不同河段的泥沙和营养物质的累积与输移过程中。河流廊道尺度关注的自然过程主要是生物栖息地的类型，河流—河漫滩区空间格局的连通性，食物网的构建，物质流、能量流、信息流等的传输过程的连续性，以及土地利用方式与河流自然过程之间的联合关系。河流廊道尺度的生态修复主要关注河流廊道范围的划定以及类型的划分。

（3）河段尺度

河段是指相对较小的生物群落与栖息地的集合。关键的生态因子是河流地貌形态及其对应的河水流态，例如河流纵坡，蜿蜒形态，河床断面材质和几何形状等对应的水深、流速、压力等水力条件，产生的不同空间异质性的生物栖息地（生物群落多样性则与栖息地空间异质性正相关）。河段的特征往往用急流、缓流、净水区等描述结构要素，包括深潭、浅滩、河流滩区水生植物带、陆生植物带及高地。河段尺度河流生态修复的研究一般按照物理、化学、生物属性结合人类对河流开发利用强度进行河段划分，分区对不同河段的自然过程连续性进行恢复。

（二）河流生态系统的结构与功能模型

河流生态系统的结构包括营养结构、空间与时间结构、层级结构、系统的整体性等；河流生态系统的功能包括在外界环境驱动力条件下发生的物质流、能量流、信息流和物种流，以及生物群落对外界环境变化的适应性和自我调节。通过上文河流生态系统的结构、功能描述及模型的研究，可以看出其研究的侧重点各自不同。河流研究类型不同，有的针对未被干扰的自然河流，有的考虑了人类活动对河流的干扰因素；研究尺度也不同，从河段尺度到河流廊道，再到流域尺度均有涉及，维度也从沿河流动方向的一维尺度到侧向、垂直加上时间的四维尺度；各个模型研究的非生命因子也各有不同，包括水文学、水力学、河流地貌学、水质物理化学四类；生态功能主要考虑生物群落对外界非生命环境变化的适应性，外界环境变化驱动下的营养物质循环模式以及生物生产量与栖息地质量之间的关系等。河流生态修复工作必须依托一个上下游统一、结构和功能完整、尺度和维度全面的河流生态系统研究模型来系统展开。

鉴于河流生态系统是一个上下游四维连续的整体，河流连续体模型能够全面地表述河流流域尺度的上下游结构和功能整体连续性特征。运用生态学原理，将河流看成一个连续的整体系统，强调河流生态系统结构和功能在流域尺度的统一性特征，这种从上游到下游的连续性不仅指地理空间的连续，更指河流生态系统中生物过程与其生活的物理化学环境的连续性。

河流四维连续体模型则从四维角度描述河流生态系统自然过程的连续性特征，包括纵向上的线性联系，横向上与周围区域的连通性及物质、能量、信息的流通，竖向上与地下水及下层土壤有机质之间的自然过程连续，以及时间尺度的慢过程河流演进和快过程水文周期性变化等自然过程的连续。因此，本章选取河流连续体模型和河流四维连续体模型，作为流域尺度河流生态修复结构和功能研究的理论背景依托。

（三）河流生态系统的研究背景

河流生态修复不能孤立地研究河流生态系统本身，还要明确其研究背景，不能仅仅考虑自然环境这个大背景，还要考虑河流生态系统在流域社会经济发展中所占比重，研究自然驱动力和人类社会经济活动双重作用下的河流生态系统正负反馈调节关系。

1. 自然背景系统

自然系统为河流生态系统提供了最基本的能源、营养物质以及水文循环驱动力。河流在长时间尺度的演变过程中，承受着多种自然力的作用。河流演变对自然驱动力的作用表现出两种过程，即渐变和突变。渐变过程是指由于地壳变化、气候变化、土壤侵蚀、泥沙运动与堆积、河床冲蚀的不断作用，导致河流地貌形态与水文情势的渐进式演变过程。突变则是指地震、火山喷发、山体滑坡、洪水等剧烈运动短时间内高强度作用导致河流发生突变；河流生态系统在突变过程的作用下，或者自我恢复到原有状态，或者进入另一种状态来谋求新的动态平衡发展。

2. 社会背景系统

河流生态系统与人的活动息息相关，流域的社会经济发展依赖于健康的河流生态系统。工农业、生活用水、防洪、养殖、旅游等社会经济活动都离不开水系统的支持，人类活动对水资源的过度开发利用都会影响河流生态系统的健康，水利工程设施的兴建也极大地改变了河流的水文情势和地貌特征。水利工程对河流生态系统的威胁主要有两类：第一，自然河流人工渠化，包括河流平面几何形态的直线化、河流横断面的形态规则化以及护坡材料硬质化。第二，自然河流的非连续化，包括筑堤对沿河流动方向以及对洪水侧向满溢这两个方向的非连续化。另外，各类闸坝工程对河流、湖泊和湿地之间连通性的破坏也属于此类，跨流域调水工程引起调水区、受水区和运河沿线的生态胁迫效应。

河流生态修复的目标应该立足现实，几千年来人们依水而居，对河流的开发利用和改造已经形成了自然系统和人类活动共同作用下新的平衡状态。无论是现在还是将来，依托河流开展的社会经济活动以及水利工程，对区域经济和社会发展都有着至关重要的作用。不能简单引用某些西方学者的观点，主张拆除一切影响河流生态系统的水利设施，停止人类社会经济活动对河流的干扰，恢复河流的"原始面貌"，这无疑是一种脱离社会实际的空谈。

合理的河流生态修复目标应该以自然系统作用下的河流自然状态作为参考，在保护河流生态系统的基础上，合理地开发利用水资源，实现生态效益和社会经济效益统一协调发展的目标。

三、河流生态系统的自然过程

通过研究河流生态系统结构与功能特征组成要素和影响因子，将河流自然过程主要划分为水文过程、地貌过程、物理化学过程、生物过程四个方面的内容。

（一）水文过程

水文过程就是指水文循环，包括自然界的水在太阳能的直接作用下，从河流等水面及土壤、岩石等陆地表面，还有植物叶面，蒸发散成水汽进入大气圈，在适当条件下形成降水，落到地面。地表降水首先会被植物枝叶及建筑物表面第一层截留，截留的水一部分被植物吸收利用，一部分汇入地表径流；没有被截留的水则渗入土壤，在重力的作用下汇入地下水层；超过土壤渗透能力的水则继续汇入地表径流，最终通过地表与地下径流汇入河流、湖泊、海洋之中。因此，由水的蒸散发—降水—截留—植物吸收—土壤入渗—地表径流—汇入海洋的过程构成了无限的水文循环。

水文过程是形成景观多样性的重要驱动力，同时流域内的水文过程承载着流域范围的物质流、能量流、信息流和物种流过程，水流作为介质和载体，将泥沙、木质碎屑等营养物质持续输送到下游，促进生命系统的物质循环和能量流动。河流周期性的丰枯变化和洪水脉冲，向生物传递各种生命信号，鱼类和其他生物依此产卵、洄游、避难、越冬或迁徙，完成生物生活史的各个阶段。

河流生态修复过程中，水文过程最需要重点关注的就是河水从上游到下游的传输、截留与蒸散发、土壤入渗、地表径流等自然过程的连续性。

（二）地貌过程

河流地貌过程是指地表物质在力的作用下被侵蚀、搬运和堆积的过程。侵蚀地貌过程是在溯源侵蚀、下蚀和侧蚀共同作用下形成的；搬运地貌过程是河流泥沙在河流中的输移过程；堆积地貌过程是指河流泥沙在河流搬运能力减弱情况下发生的沉积过程。

地貌自然过程是形成水系类型、河道、河漫滩、高地及河流廊道特征的主要因素。地貌过程塑造了不同的河道类型，也就形成了不同特征的生物栖息地，河流地貌特征为河流的各种自然过程提供了物理基础。由于河流地貌过程与水流运动密切相关，根据地表径流和河川径流的特征，将自然地貌过程分为沿河流纵向地貌过程和沿河流横向地貌过程。

1.沿河流纵向地貌过程

（1）河流纵向结构。河流的纵剖面是指河源至河口的河床最低点的连线剖面。测量出河床最低点地形变化转折的高程，河长为横坐标，高程为纵坐标，就可绘出河流的纵剖面图。河段纵坡可以用反应河底高程变化的纵坡比降 i 表示：

$$i=(H_1-H_2)/L$$

从整体看，河流的纵坡比降值上游较陡，中下游纵坡逐渐变缓，呈下凹型曲线。从微观看，河床纵剖面的起伏变化也是蜿蜒性河流形成的深潭—浅滩序列在纵剖面上的水面线反应。

尽管河流类型各不相同，但是河流纵向结构，从河源到河口大致有相似的分区特征。河流平面形态与纵坡对照图面可划分为 5 个区域，即河源、上游、中游、下游和河口。

河源以上大多是冰川沼泽或泉眼等，成为河流的水源地。上游段大多位于山区或高原，河床多为基岩和碱石，河道纵坡较陡陡，纵坡常为阶梯状，多跌水和瀑布。上游段水流湍急，下切力强，河流侵蚀作用为主，多为峡谷型河道，河水中携带泥沙向下游输移。中游段大多位于山区与平原交界的山前丘陵和山前平原地区，河道纵坡趋于平缓，下切力不强但侧向侵蚀明显；中游段基本以河流堆积作用为主，由于河道宽度加大，出现河流—滩区格局并形成蜿蜒型河道。河流下游段多位于平原地区，河道纵坡平缓，河流通过宽阔、平坦的河谷，流速变缓，以河流堆积作用为主；河道外侧发育有完好的河漫滩，河道内形成许多微地貌形态，如沙洲和江心洲等；河流形态依不同自然条件可以发展成蜿蜒型、瓣状或网状等形态，下游河道稳定较差，会发展为游荡型河道。

在河流生态修复中，主要考虑大型水库建设，河道取水用水方式变化以及来水来沙条件改变，以及河流蜿蜒度对河流纵向结构的改变影响。

（2）河流平面形态。河流水利工程建设对河流平面形态的影响主要是裁弯取直，影响河流的蜿蜒性特征。蜿蜒性是河流动态演变过程中的一种自然倾向，形成蜿蜒型河道的原因有很多，其中最主要的原因是水流经过微弯河段凸岸时，在离心力的作用下水流射向凹岸，凹岸一侧水位提高，形成单向环流，环流与顺河向的水流结合，形成一种螺旋型环流。单向环流的表流射向凹岸，然后下降，这股水流流速大，侵蚀力强，导致凹岸岸坡后退，在河床底部形成深槽。环流从深槽流向凸岸形成上升流，因其流速慢，造成凸岸一侧堆积，形成边滩。凹岸不断后退，凸岸不断堆积前移的过程持续作用，微弯型的河道就演变成蜿蜒型河道。凹岸反复冲刷形成了深潭，凸岸持续堆积形成浅滩，这就构成了蜿蜒型河流深潭—浅滩序列的交错格局。有学者统计，深潭—深潭或浅滩—浅滩的间距大约是水流到达漫滩流量时河面宽度的5～7倍。

蜿蜒型河道侧向的移动演变，构成了河流复杂的地貌类型，这种复杂的地貌类型导致水流和泥沙条件发生变化，形成具有多样化生境条件的河流—滩区系统，有力地维护了河流生态系统的生物多样性。

2. 沿河流横向地貌过程

流域内沿河流横向的侵蚀过程，其发生频率、数量和分布情况会影响河流廊道内的产沙状况和与之相关的污染物产生状况，横向侵蚀过程主要伴随地表径流发生。侵蚀过程可能在长时期内持续发生，也可能是循环或间歇性发生，在某些特定的季节或环境情况下会加速进行。侵蚀过程不是单一过程，而是在多因素变化条件下综合影响的过程。

除自然因素外，人的活动也会引起侵蚀过程，这一影响主要是通过改变下垫面特征来实现，如改变坡度和坡长、基准面高度、地表植被覆盖状况等因素，从而改变地表径流的形成与汇集过程、水流能量的耗散方式、地表物质的抗侵蚀能力等关系，从而使侵蚀强度发生变化。地表径流随着坡度增加而增大，随着土壤有机质含量和粒径的增加而减少，随着地表覆盖硬化程度的增加而增大，随着植被量的增加而减少。

（三）物理化学过程

物理化学参数变化，包括泥沙含量、水文、盐度、pH 值、溶氧量、营养物质、有害物质等。从流域尺度看，主要包括两个方向的自然过程，即沿河流横向的对河流水质的影响，沿河流纵向的河道水流输送过程对水质的影响。

1. 纵向物理化学过程

纵向物理化学过程主要指河道水流输送过程中泥沙含量的变化。河流中的泥沙含量和迁移规律对水生生态系统的结构与功能具有十分重要的意义。首先，泥沙含量影响水的质量，同时，泥沙可以挟带其他污染物进入水体，营养物质和有毒化学物质可以附着在土壤中的沉积物颗粒上，进入地表水；其次，泥沙在河水中的运动与堆积直接影响河流形态与水生生物栖息地的质量与数量，大量的泥沙堆积使河道基质组成变细，河道增宽，导致水生生物栖息地质量的退化；高泥沙含量还能堵塞和磨损鱼鳃，使河底鱼卵和水生昆虫的幼虫窒息，并填补底部鱼产卵的碟卵石的孔隙空间。

泥沙在河流廊道中的输移运动影响因素较多，包括以下3个方面。

（1）流域内泥沙的供应：流域的泥沙供应常受气候、地形、地质与土壤、植被与土地利用的综合影响。

（2）河道的特征：河道的坡度、糙度、河道形态等都影响泥沙的移动；坡度越大，河流搬运能力越强；糙度越高，搬运能力越低。

（3）河流径流量大小：泥沙的搬运量与河流径流量成正比。

2. 横向物理化学过程

横向物理化学过程主要发生在河流廊道尺度。河流流经城市段和农田段时，人类活动通过点源和非点源污染的形式影响着河流的物理化学过程。

（1）河水中的营养物含量。进入河流的营养物质来源主要是流域的非点源污染。造成非点源污染的典型土地利用活动包括农田和城郊草坪施肥，牲畜、家禽饲养场的动物粪便不当处置，以及化粪池系统的人类废物处置不当等。农田暴雨径流的冲刷增加了河水中氮和磷的含量，氮、磷营养物质的负荷会使得河流中水生植物疯长，消耗大量氧气，降低河水的溶氧量，对水生生物的生存造成影响。河流生态修复研究中表明，流域土地利用对河流中营养物质的影响主要途径是非点源污染。林地覆盖率较高的河段，由于植被根系对氮磷的截留以及吸收利用作用，进入河水中的营养物质含量较低；农田覆盖率较高的河段，农业中大量使用的农药化肥等随地表径流进入水体，造成水体氮、磷浓度偏高，容易造成水体富营养化。

（2）河水中的有毒化学物质含量。河水中的有毒化学物质包括有机化学品和重金属，主要通过点源和非点源污染进入河道。不达标排放的点源污水向水体输入大量有毒化学物质。非点源污染的两个主要来源是农药和除草剂的使用，工业城市地区的地表径流作用。这些有毒化学物质主要通过生物富集作用，在河流生态系统内迁移和转化，最终造成对生物过程的影响。

（四）生物过程

河流生态系统的生物过程，包括水生生物，也包括河漫滩及其周围的陆生生物。河流生态系统生物群落以河流—河漫滩系统为栖息地，其生命现象和自然过程与河流生境条件密切相关。因此，河流生态系统的生物过程可以按照栖息地的维度与类型逐项研究。

1. 河流纵向生物过程

通过河流连续体概念（River Continuum Concept，RCC），我们可以了解到河流是一个从上游到下游连续流动的一个整体生态系统。河流纵向流动把营养物质沿上中下游输送、扩散，物质流、能量流、信息流和物种流伴随其中也呈现出连续性特征；河流通过水位涨落，流速以及水温的变化，为鱼类、两栖动物等水生生物传递着生命节律的信号。河流的纵向连续性也包括了生物群落的连续性，生物群落随着水流的连续性变化，对于水域生境条件不断调整适应，也呈现出连续性分布的特征。河流纵向生物过程的连续性特征主要通过河流纵向生境连续性体现，包括河流纵坡变化和平面形态的蜿蜒性形态。

2. 河流—滩区生物过程

河流—滩区栖息地包括河道内栖息地、河漫滩栖息地、滨河带栖息地和季节性洪水湿地等。自然河流地貌格局的一个主要特征是河流、河漫滩、湖泊、水塘与湿地间保持良好的连通性，为营养物质的输移和物种运动提供基础保障。洪水期间，水位频繁涨落，把河流与河漫滩系统动态连接起来，促进水生生物与陆生生物之间的物质和能量流动，维持水生和陆生生物过程连续高效的进行。河漫滩淹没区植物的茎叶、果实和种子成为植食性和杂食性鱼类的食物，这些鱼类又成为禽类和小型动物的食物；淹没的植物根茎和残枝落叶被微生物和藻类利用，这些生物又成为小型鱼类或幼鱼的食物；洪水期迅速生长的昆虫也是某些鱼类的食物，洪水回落后，河漫滩植物依靠洪水携带的营养物质和水生植物的分解物维持良好的生长。因此，在具有高度连通性的河流—滩区栖息地内，物种多样性可以达到较高的水平，生物过程的连续性也处于较高的状态。

（五）小结

通过河流生态系统所有自然过程发生的尺度和维度整理可以看出，河流的各种自然过程都不是单独发生的，必须在河流水文过程的基础上进行，以河水流动为媒介，传递物质流、信息流、能量流和物种流，并在时间尺度上呈周期性的不断发展变化。借助河流四维连续体模型可以看出，河流的水文过程包括河水上下游向、垂直和时间尺度上的连续性特征。

河流的各类自然过程都在时间和空间尺度上具有连续性，并不能简单地按照景观规划设计中的宏观、中观、微观尺度一刀切式地划分。因此，河流生态系统自然过程连续性研究应该借助河流四维连续体模型，在流域尺度上按照纵向、横向、垂直和时间四个维度来进行自然过程连续性研究，以实现对河流生态系统整体系统的自然过程连续性生态修复。

四、河流生态系统的人文过程

流域尺度人类活动对河流生态系统的发展起着重要作用，城市扩张、河流两岸土地利用调整、各项水利设施建设都是人类对河流生态系统开发利用的结果，因此，流域人文过程对河流生态系统的影响主要研究以下几方面的内容。

（一）河流两岸土地利用方式改变

河流两岸土地利用方式的调整，沿河植被带被移除，原有的河流—滩区结构打破，湿地消失；农田压迫河道，水域面积减小，河道自然泄洪宽度被压缩，增大洪水威胁；建设用地增加，不透水地表面积增加，地表径流增加；建筑压迫河道，河道固化缺乏水体交换，人的亲水关系削弱，流经城市段的河流结构完整性和自然过程连续性丧失。

（二）河流工程化设施建设

为了追求经济价值、实现水资源的充分调配使用，修建水闸、水坝等大量工程化措施，影响自然的水体交换，增大污染风险；河堤修建将河流与外界径流和洪泛区隔离，限制了洪水的天然游荡范围，加大堤防防洪压力；河道裁弯取直，导致洪水流速过快，加大下游抗洪压力，洪水作为资源白白流失，与河漫滩区的物质流、能量流、信息流过程也丧失。

（三）河流水质影响

沿河土地利用形式的改变，导致工业、农业和生活污水排放，造成的点源和非点源污染，影响水质，改变河流的物理化学环境；同时，河道宽度紧缩、纵坡比降变缓，不利于被污染水体的扩散稀释；沿河植被带减少、水体自净能力降低等一系列因素，最终影响到河流生态系统上下游生物过程的连续性。

五、河流生态系统自然过程连续性评价

流域尺度河流生态系统自然过程连续性评价应首先建立在对流域河流两岸土地利用方式的整体认知上。河流两岸土地利用方式的不同侧面反应了人类活动对河流生态系统的干扰强度以及对河流生态系统资源的开发利用强度。虽然河流是一个四维连续的整体系统，但是结合人类的干扰活动后，每一区段的自然过程连续性状况各不相同。对河流自然过程连续性评价应该建立在流域河流生态功能区划的基础上来明确判断、准确评价，明确指出河流每一区段亟待解决的生态问题，并提出具有针对性的生态修复规划策略。

（一）自然过程连续性评价方法

河流生态系统是在自然和社会双重背景下不断发展演进的，河流沿岸人工干扰影响着河流生态系统自然过程连续性的进行，因此，河流生态修复应该首先建立在自然过程连续性的客观评价基础上。自然过程连续性评价采取多指标评价法，多指标评价法的评估原理首先制定能够表征河流纵向、横向、垂直和时间尺度自然过程连续性的水文、地貌形态、物理化学特征、生物等方面的评估指数，然后为每个指数选择适当的指标，为这些指标制定适当的评分标准；然后调查待评估河流并得出各项指标值的大小，再根据评分标准为各项指标打分；将各项指标得分进行加权处理后得到每一项指数的分值，再将各项指数得分求和，以累计总分数作为评估依据。

通过对河流四维方向自然过程连续性内容的总结和梳理，得出自然过程连续性评价指标体系。

自然过程连续性的评判由水文、水质、河流形态与结构、河岸带等指数组成。由于河流生态系统的特殊性，生物过程主要伴随水环境以及河岸植被带环境发生，因此，实地调查时选择水文、水质、河流形态结构以及河岸带这4个评估指数。水文指数主要表征纵向自然过程连续性，反应河流水文特征受自然和人工干扰的变化情况。自然因素指流量受季节影响的周期性变化；人工干扰指人的取水用水和水利设施建设等引起的流量和流速变化。水质指数主要表征横向自然过程连续性，反应外界土地利用变化造成的点源和非点源污染引起的物理化学变化对河流生物过程潜在的影响。河流形态结构表征横向和纵向和垂直自然过程连续性，反应河流的横向和纵向及垂直结构特征。河岸带指数主要表征河岸带植被覆盖对生物群落的生境营造的利好程度。确定4种指数，选取13个指标作为调查依据，各项指标满分5分，通过现场踏勘、资料查询、实地访谈，填表打分，得到指标分值，以此对河流生态系统四维过程连续性进行评价。

河流自然过程连续性评价体系包括四维方向、多个指标内容，调研内容较为复杂，多指标值的测量方式及尺度均不同，有的需要对具体测量点观测，有的需要对河段内容进行观察记录，有的需要查阅资料进行评测；因此按照指标测量范围和位置，将河流空间尺度划分为河段、测量点和河道断面。河段划分的要求是内部没有分流设施，长度一般取 5 ~ 40km；测量点位于河段内，一个河段内通常随机布置 2 ~ 10 个测量点；测量点的范围可以取 0.4 ~ 1km，每个测量点内随机布置 3 ~ 5 个横断面；横断面间距化 2km，宽度可以取 30 ~ 50m。

（二）自然过程连续性评价指标体系

1. 纵向自然过程连续性评价指标体系

纵向自然过程连续性评价主要针对影响纵向自然过程发生的水流、河流平面形态、泥沙含量、水利设施对水生生物上下游自然过程连续的干扰、河流纵向结构这 5 个方面展开。

2. 横向自然过程连续性评价指标体系

横向自然过程连续性评价主要从河流横向连接关系以及河岸带结构与功能完整性方面展开，包括河岸稳定程度、河道断面类型、河岸带宽度、河岸带植被类型、河岸带植被结构、水质这 6 个方面。

3. 垂直自然过程连续性评价

垂直自然过程连续性评价主要研究垂直方向水的下渗，包括河床材质类型以及河流沿岸下垫面类型。

4. 时间自然过程连续性评价

时间过程连续性包括快过程和慢过程连续。快过程指的就是河流生态系统二维方向物质流、信息流、能量流和物种流的交换过程连续不断地发生，快过程的连续性在前面两个维度连续性评价中均有所表征。慢过程则是指长时间尺度的河道演变。本书所做的时间自然过程连续性评价主要指慢过程的评价，从河道演变发展资料查询和实地访谈中得出河道演变在时间尺度上的连续性评价。

六、河流生态系统自然过程连续性修复规划策略

通过对河流现状表述、自然过程分析及自然过程连续性评价后，河流生态修复工作也按照四维方向逐一展开，实现基于流域尺度的河流生态系统自然过程连续性修复。

（一）流域尺度河流生态功能区划

从流域尺度来看，河流上下游及两岸的土地利用形式并不相同，由此产生的人对河流生态系统的干扰内容和强度也各不相同。以秦岭北小流域两岸土地利用一般形式为例来分析，河源产生自群山深处，河源到上游区域位于山区，两岸地形崎岖，河道纵坡陡降，人工干扰较少，此段河流多位于森林公园等保护区范围内；上游到中游区段，两岸土地开始出现局部平坦地段，开始有村庄建设等人的活动产生，农家乐多依水而建，借助自然河道形式进行局部改造利用；中游山前洪积扇区域河势变缓，两岸土地利用多以建设用地为主，建设量加大，沿河两岸不透水下垫面增加，地表径流增加，人类活动对河水的取用力度增强，河道形式多以硬化、渠为主；中游到下游区域土地利用多以农田和村庄形式为主，农田开垦逼近河道，河岸植被带减少，地表径流增加，农药化肥等施用，随地表径流进入河道，增加水体营养物质和有毒化

学品的含量，村庄生活污水和垃圾无组织排放进入河道，影响水质和自然过程的进行。

据此，对秦岭北麓中小型流域进行流域尺度的河流功能区划，综合流域土地利用形式、河流开发强度和河流生态特征因素，对流域河流进行几大功能区的划分。

河源及上游段部分区域为生态保护区。河流四维自然连续性特征维持较好，几乎不受人类活动影响；河流形态自然，两岸植被群落多样性特征明显，可以为河流生态系统提供食物来源；鱼类等水生生物自然过程连续，有珍稀物种生存。这一区域河流生态修复工作并不严峻，可以依靠森林公园和自然保护区等形式进行保护管理工作，可以建设少量游步道，开展低密度生态旅游。

上游山区段到平原区之间区域为生态利用区。河流自然状况维持适中，人的活动影响较小，河流形态呈半自然状态；两岸植被带连续性适中，鱼类等水生生物活动连续。局部河道人工改造作为游憩活动及生活取水用水使用，农家乐等小型旅游活动密集发生，此区域河流生态修复应该重点考虑水资源的合理利用及生态亲水游憩活动的开展。

山前洪积扇平原区域划分为生态建设区。河流自然特征明显改变，人类活动对河道影响较大，裁弯取直以及河道硬化等水利工程多发生在这一区域，城市建设量增加，两岸植被带及水生动植物自然过程连续性较差甚至消失。如何解决城市开发建设与生态保护的矛盾，加强该区域与流域其他区域的上下游自然过程连续，是这一区域重点需要考虑的问题。

中下游平原区段划分为生态复育区。这一区域一般河势较缓，河道平面形态蜿蜒，沿岸土地利用多以农田和村庄为主，植被群落单一，非点源污染情况严重。该区域生态修复重点问题是恢复河流滩区结构，构建河流廊道，建立农田林网体系，加强生态村落建设，弱化非点源污染影响。

（二）纵向自然过程连续性修复

1.河流蜿蜒形态修复策略

自然河流一般都会有两种或两种以上的平面形态，这些形态会随着自然条件的改变而改变。人工干扰后，为了增大河流两侧土地利用面积，减小洪水游荡范围，裁弯取直，改变河流自然形态，恢复河流的蜿蜒形态，一定程度能降低洪水流速，降低河流泥沙的输移能力，缓解水流对河岸的侵蚀作用；同时蜿蜒的河道形态有利于营造丰富的生物栖息环境，为动植物提供避难场所，提高流域生物多样性。

（1）系统分析方法。从流域的尺度上对河流进行蜿蜒性系统设计，根据河流现状周边用地和规划用地的分布情况，确定河流与环境之间的关系，确定河段的功能作用。最终根据河流的功能来确定不同河段的弯曲度和河道宽度，得出河流的平面蜿蜒形态。

（2）自然恢复法。一般用于待修复河段在没有最优恢复方案时，可以选择保持河道现状或进行适当改善，给河流能自我调整的空间，利用河流的自我调控能力逐渐演变到一个比较稳定的弯曲状态。位于城市的部分渠化河道，出于防洪考虑而不能对现状的混凝土河道作改造处理，这种情况可以将混凝土做出裂缝，用水生植物对河岸两侧绿化，长此以往混凝土逐渐脱落，恢复河流原来的生态系统。但是自然恢复法的缺点是需要较长时间才能恢复到比较稳定的蜿蜒性，而且演变过程中也存在着河岸侵蚀等问题。

（3）辅助措施。如果现有河道恢复蜿蜒性形态后不能满足河流的防洪安全要求，可以采取工程辅助措施。在河道的两侧有足够的土地利用的情况下，可将现有河道恢复蜿蜒形态，营造生物栖息地，同时再建设一条分洪道或副河道来满足河流防洪安全需求。在洪水季节时，水流可以通过分洪道或副河道快速排洪，而蜿蜒段仍然有水可以通过，起到分流减速的功能。当非洪水季节时，分洪道或副河道可以设计成低洼湿地，起到涵养水源的作用；也可以设计成绿色休闲空间，仅有少量水流通过或保持干涸状态，类似于河漫滩。如果河道两侧的土地不充足，可以在原河道的基础之上建立两级河道模式，即大河道内套小河道。大河道位于上部，可以设计成蜿蜒曲折的形态，原有小河道可以保持原来的形态。在洪水期，大河道主要用于泄洪；在非洪水期作为枯水河道，可营建绿色公共空间，为生物提供栖息环境，改善栖息地的质量。

2. 修复河流深潭—浅滩序列

河流中水流的形式有很多种，有层流、曲流、环流和满旋流。在河道中，河岸障碍物的扰动会使水流的方向发生偏转，形成曲流。曲流在河流弯曲处，外侧的流速大于内侧的流速，使得河道外侧侵蚀，不断退后，河岸较陡；河道内侧淤泥堆积，河岸宽度低。由于流水的惯性和河床的不对称性，水流在横向形成了环流，称为横向环流。

横向环流和曲流改变河流中的泥沙侵蚀、堆积和迁移，最后形成深潭—浅滩序列相互交错的地形格局。水流在浅滩区流速较快，在深潭区流速平缓，形成的曲流和横向环流进一步促进深潭—浅滩序列的迁移，水流与深潭—浅滩序列之间形成正反馈的状态，促使河流在自然力作用下形成蜿蜒曲折的形态。浅滩和深潭结构能丰富河流的水流条件，有助于构建多样性的生物栖息地，为生物提供良好的生长和繁殖环境，同时还可以营造天然的河流景观，为河流增加娱乐性与美学价值。

深潭和浅滩一般形成于坡度平缓和混合砂碱石材料河床，一般成对交替出现在河流的自然弯曲段。深潭—浅滩序列的间距一般为 5 ~ 7 倍河道宽度，很少小于 3 倍或多于 10 倍河道宽度。

挑流丁坝一般用于防治治理河段泥沙淤积，重建边滩，诱导主流呈弯曲形式，促使河流逐渐发育成深潭、浅滩交错的蜿蜒状态。挑流丁坝也有其适用范围，一般应用于纵坡降缓于 2%，河道断面相对较宽且水流缓慢的河道，常沿河道两岸交叉布置，或成对布置在顺直河段两岸。

一般情况下，自然河道内相邻两个深潭的距离在 5 ~ 7 倍河道宽度范围，因此，上下游两个挑流丁坝间距至少应达 7 倍河道宽度；挑流丁坝向河道中心伸展范围要适宜，坝面一般要高出正常水位 15 ~ 45cm，但必须低于河漫滩水位或河岸顶面，以保证汛期洪水顺利通过；且洪水中的树枝等杂物不被阻挡而沉积，否则很容易造成洪水位异常抬升，并导致严重的河岸淘刷侵蚀。

3. 修复河流内栖息地环境

在河道安放单块碱石和碱石群有助于创建具有多样性特征的水深、底质和流速条件。碱石是很好的掩蔽物，其后局部区域是良好的生物避难和休息场所；碱石还有助于形成相对较大的水深、气泡、端流及流速梯度，有助于增加沿河方向栖息地多样性，有助于水生生物过程连续。

碱石群栖息地的营建适合于顺直、稳定的河道，在河床材料为碱石的宽浅式河道中应用效果最佳。一组碱石群一般包括 3 ~ 7 块碱石，位置尽量靠近主河槽，约在最深点两侧各 1/3 范围，便于加强枯水期栖息地功能。

4. 修复水利设施对上下游自然过程的干扰

这里研究的影响上下游自然过程连续性的人工水利设施主要指滚水坝和水闸。

（1）营造生态堰坝。硬质滚水坝，削弱了河流上下游的自然过程连续，影响了水生生物的栖息地环境。设置生态堰坝，既能实现对泥沙的拦截功能，又不会破坏河流上下游过程连续，同时还能增加河道内栖息地环境的多样性。

堰坝是利用圆木或块石建造的跨越河道的横式构筑物，功能是调节水流冲刷作用，阻拦砾石，在堰坝上游形成深水区，下游形成深潭，塑造多样性的地貌与水环境。生态堰坝不同于水利工程堰坝，高度一般不超过30cm，不影响鱼类洄游。根据不同的地形地质条件，堰坝可以具有不同的结构形式，在平面上呈I形、J形、V形、U形或W形等。

（2）增设人工鱼道。人工鱼道设置是针对河流人工水闸等障碍物影响上下游自然过程连续采取的改造性措施.人工鱼道的设置不仅为鱼类提供洄游通道，也可以增加河道水生生物栖息地多样性。人工鱼道一般分为进口、通道和出口这三个部分，可单独使用，也可与其他过鱼构筑物相结合，形式可多样化。

（三）横向自然过程连续性修复

1.构建河流植被缓冲带

河流缓冲带是水体、陆地的接合处，一般没有明显的界限，是水生环境和陆生环境间的线状过渡带。同时，河岸缓冲带是一个特殊的生态系统，具有独特的植被、土壤、地形、地貌和水文特征。河流缓冲带能够改善水质，提高防洪安全，为生物提供迁徙通道，为人类提供活动空间，因此河流缓冲带景观是河流景观的 重要内容。

生物多样性是河流生态系统平衡和河流系统健康的基础。在进行河流生态恢复时，应该遵循生态学中的生物多样性原则，在防止生物入侵的前提下，重视河岸植被建设，引入本土生物构建河流生态走廊，治理与控制水土流失。在水域内种植各种喜水、耐水植物，发展水生植被，提高水域生物净化功能。河岸植被缓冲带现在没有固定的定义，学者们从各自领域出发，有不同的着重点。本书研究的河岸植被缓冲带，是指河流水体与两侧干扰源之间的植物缓冲区域，具有保护水体、拦截泥沙、提供生物栖息地、降低人类活动干扰、营造自然景观的生态作用。

河岸植被缓冲带主要起到两方面的功能：一是植被缓冲带在空间上的纽带作用，它将河流生态系统和其他生态系统联系起来，成为相邻系统之间的过渡缓冲带，促进生态系统之间的能量交换和物质交换；二是植被缓冲系统在形态上是沿着河流两岸的带状结构，在纵向上联接河流的上游和下游，在横向上联接河道和河漫滩空间。

（1）植物缓冲带设置位置，要依据河流不同区段的具体情况来种植。在建立河流缓冲带时，尽量将河流植被缓冲带与城市绿地相结合，充分考虑水流扰动、缓冲带宽度、种植密度、先锋树种重建等因素。河岸缓冲带一般设置在与水流方向相垂直的下坡位置，对于防洪安全等级高的河流可以将植被缓冲带平行设置多条，设置在洪泛区的边缘地带；对于防洪安全等级低的河流，可以在紧邻河岸的两侧全部设置植物缓冲带。

（2）在构建植物群落方法方面，在保护原有植物群落的基础上，适当种植一些当地先锋树种，更替一些水生、地被植物，利用植物自然演替原理，恢复河流植物群落的健康性和完整性。模拟自然界植物群落更加健康的"乔—灌—草"模式，对河岸缓冲带植物进行合理配置，形成丰富、有层次的植物群落。

（3）植被缓冲带宽度。由于河流两岸土地利用类型的不同，植被缓冲带在防洪、生物多样性保护、游憩等方面需求的宽度也不相同。本书主要研究河流生态系统自然过程连续性修复，因此，植被缓冲带宽度的划分主要以生物多样性保护功能为主。

2. 河流水质恢复

点源污染主要通过从源头上控制，严格控制工业污水和生活污水的排放指标，提倡清洁生产，对这些污水进行处理之后，达到排放标准才能排放到河流中。非点源污染控制途径有两种：一种是从城市中的地表径流和地下径流在流向河流过程中，逐渐加强对农田以及城市管理措施的使用，减少周边城市污染物；另一种是从污染物传输的空间途径上进行控制，即在传输过程中，通过设置合理的景观类型，加强对地表径流中养分的截留作用。横向自然过程连续性修复主要关注非点源污染的传输过程控制。

（1）生态沟渠。河流流经城市段，不透水下垫面增加，植被减少，土壤压实。降落至屋顶及路面的雨水无法直接下渗，均转换为地表径流直接排向河道，导致河流污染加重。

在道路旁边设置渗透沟渠，可以有效缓解地表径流进入河道的速率，并可以起到过滤的作用。

（2）植被带过滤。河岸植被带的建立不仅能够促进横向自然过程的连续发生，同时也能对非点源污染产生一定的过滤净化作用。植被缓冲带往往是指由一定宽度组成的位于河流或者水体岸边的林网带、草地，它起到了将农田或其他土地利用类型与水体隔开的作用。岸边植被缓冲带可以降低径流中污染物的含量，截留径流中的有机污染物。

由于河岸植被缓冲带对于其不同生态服务功能有不同的宽度要求，可以看出，当沿河植被宽度大于 30 m 时，才能有效地降低温度，增加河流生物食物供应，有效过滤污染物。因此，河岸植被缓冲带的建立应该根据不同土地利用类型来划分植被群落结构及宽度。

3. 恢复河流—滩区系统

河流—滩区系统恢复主要是对河流横断面的优化过程，河流横断面是河流长期演变的结果，在横向方向存在能量和物质的交换，维持着河流横向连续性。河流横断面决定了洪水排放的标准，也能为动植物提供栖息环境。

河道断面有很多种，如矩形断面、梯形断面、复式断面等。矩形断面的优点是可以减少滨河土地使用面积，减少防洪排水的压力；但是矩形断面一般采用人工混凝土固定河床，会阻隔河流与两岸的物质能量交换，破坏河流生态功能的正常运转。梯形断面可恢复河流生态系统的功能，但是梯形护岸不利于生物生长，河流景观效果不佳，亲水性不理想。为了恢复河流的生态功能，让河流有更大的摆幅度，为生物提供更好的生存环境，最好采用复式断面的形式。

进行横断面改造时，首先要了解待改造河段的现状横断面的形状及其缺点，根据防洪标准和功能需要，尽可能保持天然河道断面，改变河道断面的单一性，选择合适的断面形式；但是避免采用直线或折线型等规则断面，一般首选是复式断面，然后是梯形断面，最后选择矩形断面。一般情况，河床在水流的冲刷作用下会形成抛物线形态，可以作为断面设计的基础。在此基础上，可以采用两侧护坡不对称的断面形式，起到水流导向作用；利用河流水力的作用，更容易形成蜿蜒曲折的河流形态；可以将河流断面设计与深潭、浅滩的设置结合起来，增加河流断面的多样性；可以考虑景观功能的作用，增加多级台地，增加亲水空间的设计，满足人们的活动空间要求；可以在分洪道和主河道之间进行微地形处理，形成一些小型湿地，增加河流横向的连通性。

4. 营造生态护岸

河流护岸是对河岸土壤的生态保护措施，通过生态设计方法，起到防止河岸土壤侵蚀，保护河流到陆地的安全缓冲作用，减少对河流的干扰。生态河道护岸是满足河流防洪标准要求，应用天然植被材料或工程材料构建的河流护坡。

（1）自然型生态护岸。自然型生态护岸，即植物护岸。植物护岸主要根据植物根系的固土能力，采用人工植草或者种植灌木、乔木等方式进行铺设，防止坡岸水土流失。植物护岸一般是选择自然条件良好，适宜种植固土植物的河段。植物护岸坡度宜大于 1 ：1.5，不宜种植在长期浸泡在水下、流速超过 3m/s 的迎水坡面和防洪重要地段（河道弯曲处）。根据当地的自然气候条件，选择适宜的植物种类，根据河道的护坡现状灵活设计。

（2）半自然型生态护岸。半自然型生态护岸一般采用天然材料和半自然材料加固河岸，用于防洪要求较高且河岸空间小的河段，可以分为石笼护岸、半干砌石护岸、土工材料护岸等。

石笼护岸是在钢丝、铁丝等材质编制的网笼内填补适宜大小的石块，形成一道通透性较好的挡墙，放置在河岸边。石笼护岸的优点是能有效防洪，抵抗河岸侵蚀，也没有阻隔水体与土壤之间联系。但是石笼护坡使土壤贫瘠，即使填塞有机物覆盖也阻止植物生长，影响河岸景观恢复。石笼护岸一般应用在土壤贫瘠、水土流失严重的、河水流速大于 6m/s 的河岸地段。

半干砌石护岸用混凝土将卵石一半固定，最终多层铺设，形成通透性的石堆。一般在固定的石堆前设置石堆，可以杆插柳枝等植物，防止河流侵蚀河岸，又能保证河岸的绿化要求。

土工材料护岸一般是指利用土工合成材料制作的网垫铺设在河流护坡上，在其上种植草木的工程。草木植物根系比较发达，穿过网垫将土壤牢牢固定。土工材料护岸可用于水流速度介于 3m/s 和 6m/s 之间的河段。

（3）人工型生态护岸。有些河段位于城市中，出于防洪安全与河岸侵蚀的考虑，不能只采用自然型护坡或者半自然型护坡。

在这种情况下就可以采用人工型护岸，可以结合石笼护坡、土工材料护岸、半干砌石护岸等形式，达到护岸的多样要求。一般方法有生态混凝土、混凝土块体护岸等方式。但是这种护岸也是以生态保护为目标，提高河岸的耐侵蚀性，同时维持水体与土壤的物质能量交换。

（四）垂直自然过程连续性修复

河流河床材料是河流重要的组成部分，也是河流生态系统中能量流动和物质循环的重要中枢之一，能够反映河流演化的历史过程，又是众多水生底栖生物的生存场所。河流的河床材料包括砂土、碱石、卵石等材料，这些材料构成了具有透水性和多孔性的河床，使河床成为地表水和地下水的重要连接通道。河床不仅对河流水文有影响，还包括河床土壤中的有机体与河流的相互作用。河床土壤内的生物量远远超过了水体中下层中的生物栖息量。不同粒径的碱石和卵石材料的组合，适于水生、湿生植物以及微生物生存，也是一些鱼类繁殖和栖息的场地。河床的这些特征维持了河流生态功能的完整性，使河流的生境多样化，保护了河流生物多样性。

在对河流生态修复时，应该选择具有透气和下渗作用的河床材料，根据河流河床的材料组成选择合适的材料组合。在湿地、池塘、堤顶路等滞水空间可以选用可渗的下垫面，根据雨水的流经场地，采用雨水花园、湿地或池塘等方式，蓄水渗透，将地表径流渗透转化为地下径流并加以净化，最后收集汇入河流中。

（五）时间自然过程连续性修复

河流随着时间不断演变，通过对河流水文资料的收集和整理，可以对河流的变化过程有一个整体的把握。河流生态系统有动态演变的特点，随着降水、气候变化而发生变化。河流生境的变化决定了河水侵蚀、堆积的周期变化，决定了河流地貌形态。河流生态系统的建立需要一个长时间的进化，最终形成生态系统的复杂生态结构。由于生物群落的稳定性、生态系统内部的多样性和有序性，河流生态系统对于外界的破坏和干扰有抵抗力和调节作用。

对河流生态系统的修复应该遵循河流的演变规律，给河流一个充足的时间利用河流生态系统自我调节的能力逐步恢复其结构和功能。对于要修复的河流，从资料调研到后期的检测与管理都要有一个长时间的准备工作，河流生态系统的修复不是一蹴而就，是一个循序渐进的过程。河流生态系统的变化是在不同时间尺度下发生的，而河流生态的完全恢复是人们利用生态规划方法不能衡量的；河流中的不同生态要素的恢复容易程度不同，不同生物的生命周期也有着很大的差异，而这些复杂的生态因素就导致河流生态修复的时间多样性，最终反映的是不同时间尺度下的生态修复状态。

在对河流生态修复规划时，主要是根据河流的水文情况和河流系统的现状，以河流社会服务功能的时间尺度作为规划考虑的尺度，时间尺度连续性的重要表现是河流生态群落的建立和河流生态水工程的更新，引领河流生态系统向良性发展的方向发展，给河流一个自我恢复、自我调整的时间。

七、本节总结

本节重点对自然过程连续性导向的河流生态修复规划方法进行了深入的探讨，按照景观表述、过程分析、景观评价、景观改变的生态规划历程，对河流生态系统进行本体认知、过程分析、自然过程连续性评价以及自然过程连续性修复方法，进行一一展开，详细表述；阐述了适用于河流自然过程连续性修复规划的基本模式，即流域尺度的功能区划、各功能区的自然过程连续性评价以及对应的连续性修复措施；并确定研究理论体系、表述模型、评价方法，从而提出具体的生态修复规划策略方法。

第二节　自然过程连续性导向的河流生态修复相关理论及实践研究

一、相关概念

（一）自然过程

何为"自然过程"辩证唯物主义自然观认为：自然界是各种事物相互作用的整体，也是各种作用过程的集合体。自然界中的任何一种物质形态和运动形式都处于永恒的变化和转变过程之中。"过程"是指事情进行或事物发展所经过的程序。自然万物都是处于运动和发展之中的，这种运动和发展所经历的程序，就是"自然过程"。如果按照狭义的"自然"概念来理解"自然过程"，那么"自然过程"就是指与人类社会相区别的物质世界，即自然界中各种有形、无形的作用力，如风、光、水、热等，作用于环境，所形成的发展变化状态。如果按照广义的"自然"概念来理解，"自然过程"则指的是包括了人在内的整个物质环境的发展变化。

按照景观生态学的视角来理解，景观是一系列生态系统或者不同土地利用形式的镶嵌体；而在这镶嵌体中进行着一系列的生态过程，从内容上分，有生物过程、非生物过程和人文过程。生物过程如某一地段内植物的生长、有机物的分解和养分的循环利用过程，水的生物自净过程，生物群落的演替，物种的空间运动等。非生物过程如风、水和土及其他物质的流动，能量流和信息流等。人文过程则是城市景观中最复杂的过程，包括人的空间运动，人类的生产和生活过程及与之相关的物质流、能量流和价值流。

因此在景观生态学视角下，狭义的"自然过程"就是指生态过程中的生物过程和非生物过程，如植物生长、动物迁徙、群落演替、河流改道、地壳运动等过程。广义的"自然过程"就是指包括人文过程在内的一切发生在景观尺度的生态过程，如城市建设、人工水利设施建设等过程。

在研究生态修复问题时，首先需要明确的就是自然本身一直处于动态发展过程中，植物生长、群落演替、生物迁徙、沧海桑田、地质地貌等自然过程不间断地发生改变，从一瞬间甚至到几百年、几千年都在不停地发生着变化；按照热力学第二定理来讲，这种变化是不可逆的。水利设施、城市建设等人工干扰作为外来影响，改变了原有生态系统客观存在的自然过程的完整性和连续性，因此，在本章研究的"自然过程"，指的是狭义的"自然过程"，即自然本身的力量，不包括其中人的活动。

（二）自然过程连续性

连续性本是数学用语，描述一种函数的属性，直观地讲，输入一个变化足够小的数值，输出的结果也会产生足够小的变化的函数，则称之为连续性函数；如果输入一个变化足够小的数值会产生一个跳跃甚至无法预知的结果，则这个函数不具有连续性。类比在景观生态学中，对一个稳定的生态系统来说，如果影响自然过程的非生命因子发生变化时，生态系统的自然过程能够随之发生不间断的演替变化来适应外界环境改变，则称该生态系统自然过程具有连续性。如果外界环境发生变化时，自然过程不能随之变化发展适应，则称该生态系统自然过程不具有连续性。

随着景观生态学研究内容的不断深入，研究视角也逐渐由简单地改变格局向关注景观格局与过程关系方向改变，对于自然过程连续性也有了更深入的认识。

按照景观格局与过程的关系视角来论证，该假设依然成立。在自然条件下，景观格局与过程处于一个动态稳定的过程不断地发展演替，当风光雨露等自然条件或者符合生态化设计条件的人工干扰施加于生态系统之上，生态系统内的生物种类与群落随之发生不间断的演替与适应性变化，我们称之为自然过程连续性高。当大型自然灾害或破坏原有生态系统结构的人工干扰介入后，导致生态系统内生境条件发生突变甚至消失，生态系统自然过程发生巨变或者停止，自然过程对于外界的干扰产生了不可预知的后果，我们称这种现象为自然过程连续性低。如今场地管理中经常使用的低影响开发技术就是恢复生态系统自然过程连续性的一种形式。城市管网排放是完全的人工调控方式；不考虑场地雨水自然过程，场地瞬间径流量增加，容易造成我们不可预知的一些后果。传统的暴雨控制模式仅采用滞留坑塘等单一调控形式，场地雨水储存下渗等自然过程连续，但实际生态效益并不高。采用LID技术[①]后，通过生物滞留、透水路面、绿色屋顶等基础设施后，场地雨水的自然排放过程与森林覆盖下的自然状况相似度较高，也就是场地的自然过程连续性较高。

通过论证，我们可以看出，自然过程连续性应该是生态系统最本质的特征描述，与自然过程完整性、连通性、稳定性和可持续性等评价体系相比，自然过程连续性应该是景观格局与过程在时间和空间尺度上动态平衡发展的本质体现。当生态系统接受到风光雨露等自然条件或者符合生态化设计条件的人工干扰时，自

①　LID技术：低影响开发理念（全称是 Low Impact Development）是20世纪90年代末发展起的暴雨管理和面源污染处理技术，旨在通过分散的、小规模的源头控制来达到对暴雨所产生的径流和污染的控制，使开发地区尽量接近于自然的水文循环。

然过程连续性在时间和空间尺度上分别体现出不同的特征；时间上体现为生态系统内的生物种群与群落随之发生不断的演替，以适应过程的可持续性；空间上体现为生态系统之间及内部的物质、能量和信息流等发生循环流动的状态，也就是格局与过程达到动态平衡。

既然自然过程连续性是景观格局与过程动态平衡发展的本质体现，那么自然过程连续性的高低就是衡量生态系统格局与过程动态平衡与否的衡量指标之一。河流生态系统作为本章的研究对象，比较于其他生态系统，有着一定的特殊性。研究表明，河流生态系统是一个特殊的四维连续体，具有纵向、横向、竖向和时间四个尺度。河流生态系统的自然过程连续性作为河流景观格局和生态过程动态稳定发展的本质体现，也被河流的四维连续性表征出来，容易被观察者以定性和定量的方式所认知。因此，研究河流生态系统的自然过程连续性，可以作为揭开自然过程连续性面纱的一个重要切入点。

（三）河流生态系统

河流生态系统是指水环境与河流周边的生物群落共同作用，在长期的自然演变过程中，形成具有一定生态结构和生态功能的系统，包含河流、河床、河漫滩、河岸植物缓冲带、河流动物等构成要素。这些要素之间存在物质、能量、信息上的相互联系，通过相互作用而具有一定的生态功能。

河流生态系统为人类社会、经济和文化生活提供多种生态服务功能。例如可以供给重要物质资源，如食物和水源；河流上游、中游和下游、河床与河岸都具有不同的生境环境，河流生态系统在内部具有异质性，可以为生物提供栖息地，提供动植物所需要的食物和繁殖、生存条件；河流可以涵养水源，调控洪水暴雨；其他还有提供景观美学与精神文化功能等作用。

（四）河流生态修复

河流生态修复不是创造一个新的河流生态系统，也不可能是自然河流生态系统的完全复原，更不可能是园林景观建设；而是在调查、监测和评估的基础上，遵循自然规律，制定合理的规划，通过人们的适度干预，来改善水文条件、地貌条件、水质条件，以维持生物多样性，改善河流生态系统的结构与功能。河流生态修复是指在充分发挥生态系统自我修复功能的基础上，采取工程和非工程措施，促使河流生态系统恢复到较为自然的状态，从而改善其生态完整性和可持续性的一种生态保护行为。

二、河流生态学中的自然过程连续性思想综述

20 世纪中后期，伴随着地理学、生态学和景观生态学的不断融合发展，河流生态系统的相关研究也在逐渐深化。20 世纪80 年代后期，河流生态学的相关理论百花齐放、层层深入，我们对于河流生态系统自然过程与生态功能的认知也在不断发生着变化。

（一）河流生态学发展的 11 个重要理论

1. 地带性概念

于埃（Huet）和伊村（Illies）等在1963年提出地带性概念（Zonation Concept），这一概念的提出是河流生态系统首次尝试描述整体性特征。生物地带性概念的内涵是按照鱼类种群或大型无脊椎动物种群特征把河流划分成若干区域，地带性概念反映了不同区域水温和流速对于水生生物的影响。

2. 资源螺旋线概念

华莱士（Wallace）等于 1977 年提出了资源螺旋线概念（Spiralling Resource Concept, SRC）

SRC 定义了一个营养物质向下游完成输移循环的空间维度，是一种开口循环的螺旋线。螺旋线可以用单位长度 S 量测，S 的定义是完成一个营养单元循环的河流水流的平均距离。S 越短，说明营养物质利用效率越高，即给定河段内营养单元会多次进行再循环。

螺旋线是下游传输率和保持力的函数，基于水流条件的传输率越高，则螺旋线越长；保持力则是指河流生态系统中包括树木残枝、漂石、大型植物河床及沉积物等物理和生物储藏作用，保持力越高，螺旋线越短。一般情况下，森林覆盖率比较高的河流上游、河流两岸边界以及洪泛滩区保持力都比较高。

资源螺旋线概念重点关注了河流生态系统在沿水流动方向上的生物自然过程，提出了坡降比、保持力等与生物过程主要相关的各项生态因子。

3. 河流连续体概念

河流连续体概念（River Continuum Concept，RCC）是 1980 年由瓦诺特（Vannote）等人提出的。该理论认为，由源头集水区的第一级河流起，下流经各级河流流域，形成一个连续的、流动的、独特而完整的系统，称为河流连续体。

在此之前，河流生态学的研究都是孤立于某个河段进行的片面研究，河流连续体概念的提出第一次将河流生态学研究放大到流域尺度内综合看待，进入了真正意义上的生态系统层次研究阶段。

河流连续体概念是以北美自然未受扰动的河流生态系统为依据发展而来的，是描述河流结构和功能的一种方法。它运用生态学原理，把河流网络看作一个连续的整体系统，强调河流生态系统的结构、功能与流域的统一性。这种由上流诸多小溪直至下游河口组成的河流系统生态过程的连续性，不仅指地理空间上的连续，更重要的是指生态系统中生物学过程及其物理环境的连续。

依据河流连续体概念可以看出，在此阶段，人们对于河流生态系统的认识已经突破了局部河段的基本功能，已经开始有了流域的基本概念，注重河流在沿水流方向上的自然过程连续性。但是，这个概念忽略了人的行为对于河流生态系统的干扰，只针对自然未受扰动的河流生态系统，缺乏一般性，因此限制了这个概念的应用范围。

4. 串联非连续体概念

串联非连续体概念（Serial Discontinuity Concept，SDC）是 1983 年沃德（Ward）等为完善 RCC 提出的理论。RCC 针对的是自然未受干扰的河流，SDC 则侧重于受到人工干扰的河流，针对的是拦蓄的河流或洪泛平原河流。因为在实际生活中，人们经常遇到的河流系统并不是一个完全上下游连续的系统，许多河流从上游就开始建设拦河蓄水大坝等人工干扰设施，河流的径流量在很大程度上被这些大坝所控制；同大坝以上自然段的河流相比，下游河水在流量、温度、基流变化以及值得注意的一些其他生态因子，在生物和非生物过程中都发生了重要的变化。

同 RCC 概念相比，串联非连续体概念（SDC）在河流生态学的理解方面既有继承又有发展，主要表现在以下三方面。

第一，它强调了人为干扰（如大坝等）对河流生态系统的影响，比较真实地反映了客观现象；

第二，它继承了 RCC 概念的某些思想，同时又有所发展。例如，它也认为河流拥有从河源到河口的纵向连续梯度，河流的生态系统属性沿着连续体发生可预测的变化，这种变化依赖于生物群落、水流在纵向方向上的位置以及水坝运行的模式；

第三，揭示了水坝存在前提下的河流生态系统的一些变化规律。一般来说，水坝增加了两个不连续体之间的变量均一性。例如，在水库滞水中，温度比流水的分布更一致。

此外，大坝的修筑削弱了主河流和河岸带之间的自然过程连续性，主要体现在两点。首先是大坝修筑后，大坝的有机质颗粒的运输被滞留，小颗粒则很容易通过大坝，这种影响割裂了上游外源有机质输入和下游有机质加工之间的联系。其次，大坝等水利设施的存在割裂了河道与其洪泛区及河岸带植被之间的联系。

串联非连续体概念（SDC）在 RCC 的基础上前进了一步，可以看作河流连续体理论在实际中的完善应用；但是这两个概念都侧重于河流生态系统沿河水流动方向的自然过程连续性评判，而忽视了与洪泛平原相关的横向和垂直方向上发生的自然过程。

5. 溪流水力学概念

斯塔内(Statne)和希勒(Higler)于1986提出了溪流水力学概念(Stream Hydraulics Concepy, SHC)，这个概念认为，溪流物种组合的变化是与溪流水力学条件变化（流速、水深、基地粗糙程度和水面坡度等）密切联系的，这些参数又与地貌特征和水文条件密切相关。SHC理论分析了流速场随时间和空间变化，对生物群特别是底栖无脊椎动物和藻类产生的影响。溪流水力学概念直接影响并促进了生态水力学的研究和发展。

6. 洪水脉冲概念

容客（Junk）于 1989 年提出了洪水脉冲概念（Flood Pulse Concept, FPC）。他认为，洪水脉冲是河流—洪泛区系统生物生存、生产和交互作用的主要驱动力。洪水脉冲把河流与滩区动态地联结起来，形成了河流—滩区系统有机物的高效利用系统，促进水生物种与陆生物种间能量交换和物质循环，完善食物网结构，促进鱼类等生物量的提高。在 FPC 提出后的 10 余年内，不少学者对于这个概念进行了实地观测验证和完善，使其成为河流生态学中一个具有广泛影响的理论。FPC 理论重点关注了河流生态系统横向与洪泛滩区之间的自然过程连续，打破了河流生态学中一贯重视河水流动方向的定式思维，也引起了人们对于河流廊道基本组成部分的生态学价值的重点思考。

7. 河流自然过程四维连续体概念

在总结前人理论研究的基础上，瓦德（Ward）等人在 1989 年提出了河流四维连续体模型的概念，即河流是具有纵向、横向、竖向和时间尺度的四维生态系统。

纵向上，河流是一个线性系统，从河源到河口均发生物理、化学和生物变化。生物物种和群落随上中下游河道自然条件的连续变化而不断进行调整和适应。

横向上，河流与河岸带区域的横向连续性也很重要。河流与河漫滩、湿地、静水区等形成了复杂的生态系统。河流与横向区域之间存在着能量流、物质流、信息流等多种联系，共同构成了小尺度的生态系统。人们出于防洪的需要，沿河筑堤，将河流约束在两岸堤防范围内，防止洪水肆虐危害人类生存。但是堤防的修筑，妨碍了汛期主河道与河漫滩、湿地、静水区之间的流通，阻止水流的横向扩张，导致了侧向水流的非连续性现象。

竖向上，与河流发生相互作用的垂直范围不仅包括地下水对河流水文要素和化学成分的影响，而且还包括生活在河床底质中有机体与河流的相互作用。斯坦福（Stanford）和瓦德（Ward）在1988 年对河流生态系统的竖向区域进行观测，他们认为在这个区域的生物量远远超过河流底栖生物量。人类活动的影响主要是不透水材料作为河道衬砌所造成的负面作用。如果对于自然河流进行人工渠道化改造，采用不透水的混凝土或浆御块石材料作为护坡或河床底部材料，将会隔断地表水与地下水之间的连通，同时阻碍河流生态系统沿垂直方向发生的自然过程。

时间尺度上，要重视河流演变的历史特征。每一条河流生态系统都有它自己的发展史，这就需要对河流演变的历史资料进行收集、整理，以掌握长时间尺度上的河流变化与生态过程之间的关系。河流生态系统的演变是一个动态变化的过程，水域系统是随着降雨、水文变化等条件，在时间与空间中扩展或收缩的动态系统。

水域生境的易变性、流动性和随机性表现为流量、水位和水量等水文过程的周期变化或随机变化，也表现为河流淤积与河道形态的变化。这些变化随即影响了水生生物的基本生存环境，因此河流两侧的生物种群与群落也随之处于动态演替的变化过程当中。

8. 河流生产力概念

托尔普（Thorp）和德容（De Long）在 1994 年提出一种假设模型河流生产力（River Productivity Model，RPM），这一概念针对有洪泛滩区的河流，重点考察河流侧向的物质和能量交换过程。

RPM 概念指出，河流生态系统中的营养物质传输，不仅仅依赖河流本身，岸边的植物以及洪泛冲刷时期陆地向河流的物质输入也纳入河流营养物质传输循环过程中，因此随河流不同地点栖息地状况的不同、营养物质供应方式的不同，也导致了生物群落组成和次级生产力的不同。例如，一般在栖息地多样性较高，对有机物保持力较好的近河岸区域，大型无脊椎动物密度较高。

9. 流域概念

弗里塞尔（Frissel）等于1896年提出了流域概念，强调河流与整个流域时空尺度的关系，并且建立了河流栖息地从河床到池塘、浅滩和小型栖息地的分级框架。其后的一些学者在此基础上发展，并进行了深入的研究。

首先，培特（Pettes）在1994年进一步总结河流生态系统的5项特征，描述河流是一个二维的，被水文条件和河流地貌条件所驱动，由食物网形成特定结构的，以螺旋线过程为特征，基于水流变化、泥沙运动、河床演变的系统。

其次，汤森（Townsend）在1996年提出在流域尺度上的河流和河段的动态分级框架概念，试图预测在流域范围内生态变量的空间与时间格局。同时他还强调了动态环境中时间维度的重要性。

10. 自然水流范式概念

波夫（Poff）和阿兰（Allan）等人于1997年提出了自然水流范式（Nature Flow Paradigm，NFP），他们认为，未被干扰状况下的自然水流对于河流生态系统整体性和支持乡土物种多样性有重要意义。

自然水流用 5 种水文因子来表征：水量、频率、时机、延续时间和过程变化率。这些因子的组合不但表示水量，也可以描述整个水文过程。动态的水流条件对河流的营养物质输送转化以及泥沙运动过程，都造成了河流—滩区系统的地貌特征和异质性，形成了与之相匹配的自然栖息地。

人类活动包括流域内土地利用方式的改变和水利工程的建设，改变了河流的自然水文过程，造成沿河方向上的水流阻断，打破原有的水流与泥沙的输移平衡，在不同尺度上均匀改变了河流栖息地的生境条件。因此在河流生态修复过程中，可以把自然水流范式作为一种参照系统，但是又不可能完全恢复自然的水流情势，应该按照恢复原有水文过程连续的思路展开修复工作。

11. 近岸保持力概念

施默（Schiemer）等 2001 年基于奥地利境内多瑙河的研究，提出了近岸保持力概念（Inshore Retentivity Concept，IRC）。近岸保持力概念的研究对象是渠道化的或人工径流调节的河流。IRC 认为，近岸地貌与水文因子的交互作用创造了生物区地貌栖息条件。河流沿线的沙洲、江心岛和河湾等地貌条件以及水文条件，决定了局部地区流速和温度分布格局，而流速和温度对岸边生物的自然生态过程十分重要。同时 IRC 认为，河流的蜿蜒度和水体保持力是影响生物生产力的重要因素。

通过列举河流生态学发展中 11 个较为有影响力的河流生态系统结构与功能概念，将其按照时间顺序进行梳理，可以看出：这些概念研究对象不尽相同，有的针对自然河流，有的针对人工干扰的河流，有的针对河流的某一特殊区段；研究开展的维度也从沿河水流动方向的一维，到河水与滩区的侧向二维，到后来垂直方向的 S 维和包括时间变量的四维尺度；尺度也由关注河水本身和河段，到关注河流廊道生态功能，到最终确立流域尺度为河流生态系统的研究范围。

各种概念模型采用的关键生态因子也有不同侧重，大体包括水文学、水力学、河流地貌学 3 类，通过不同的角度来理解河流生态系统自然过程的展开和进行。运些自然过程主要有：水生生物区域特征和演替，生物群落对各种非生命因素的适应性过程，在外界环境驱动下的物种流动、物质循环、能量流动、信息流动的方式，生物生存与栖息地质量的关系等。

（二）自然过程连续性在河流生态学中的发展演变

在对河流生态学相关概念的梳理中可以看出，在不同时期，对自然过程性的关注和落脚点也是不同的，既有本学科自己的发展探索，也打上了时代大背景的清晰的烙印。20 世纪初期是一个多学科蓬勃发展的阶段，地理学、生态学、景观生态学等多学科相互碰撞又各自发展。

20 世纪 60 年代，生态主义思想逐渐开始展开实践探索，人们对生态主义思想科学化、理论化、系统化的发展也有了长远的追求，河流生态学相关概念的研究也开始于这一阶段。但是这一时期对自然过程的关注还停留在沿河流动方向的生物过程和营养单元内的自然过程循环。

20 世纪 80 年代，随着景观生态学格局与过程关系的研究不断深入，河流生态学研究也开始由关注河流结构功能向关注河流自然过程连续性特征转变，开始了对自然过程连续性的第一次思想碰撞，首次提出了河流连续体概念，关注上下游之间生物过程及其生存环境的连续性特征。随后的串联非连续体和洪水脉冲概念都是对河流连续体概念的补充和完善，加入了人工干扰对自然过程连续性影响，以及河流与滩区自然过程连续性的思考。1989年河流四维连续体概念的提出，到这一时期为止，人们才开始逐渐将河流生态系统结构和功能的研究重心由单一过程向系统四维复合自然过程转变，由关注格局向关注自然过程连续性转变。

20 世纪 90 年代，河流生态学的研究已经默认了自然过程连续性的重要作用，开始对河流生态系统研究范围进行精确划定，并展开以恢复自然过程连续性为目的的河流生态修复实践研究工作。1997 年提出的自然水流范式概念已经明确表示，未经干扰的河流原始自然过程连续性，才是河流生态修复的重要参照与理想目标。

三、国内外河流生态修复实践研究综述

本书主要通过梳理现状国内外河流生态修复工作研究内容与发展现状，得出对自然过程连续性导向的河流生态修复研究框架与规划实践的借鉴内容。

（一）国外河流生态修复实践研究进展梳理

河流作为一种特殊的生态系统，具有丰富的生物资源和重要的生态服务价值。为满足社会经济发展的需求，人类大量使用钢筋混凝土等不透水材料，对河道进行整治和水利设施建设；沿河土地利用的调整，压迫河道，使沿河的洪泛区平原和湿地消失，两岸植被减少；无节制地取水用水，造成河水干涸，生物减少；同时，人类将生产生活污物大量排入河流当中，造成水质恶化，水生生物绝迹。这些人类活动都对河流生态系统造成威胁，使生态环境恶化，生物多样性减少，从而导致河流生态系统结构和功能遭到破坏。

西方国家在经历一百多年河流大规模开发利用的工程建设阶段后，从 20 世纪 50 年代开始，逐步把重点从开发利用向保护利用转变，河流生态修复建设方兴未艾。从整体上看，国外的河流生态修复主要历经三个时期。

1. 河流水质恢复时期（20 世纪 50 年代）

水质恢复主要是指以污水处理为重点，以水质的化学指标达标为目标进行的河流生态修复。

西方发达国家在第二次世界大战后，工业急剧发展，城市规模扩大，工业和生活污水直接排入河流，造成河流水质污染严重。从 20 世纪 50 年代起，西方国家把河流治理的重点放在污水处理和河流水质保护上。为恢复河流水质，政府投入巨额资金，通过加强管理，强化污水处理和控制排放，推行清洁生产。著名的工程案例是美国俄亥俄河、英国泰晤士河等水质恢复工程，利用生态学理论，采用生态技术手段，修复受污染河水，恢复水体自净能力。这项工程技术持续发展至今已经有很多种形式，如人工湿地处理系统、河道直接净化技术、氧化塘处理系统、植物—土壤处理系统、水生植物处理系统、生物操纵技术等。

2. 近自然河流生态修复时期（20 世纪 80 年代）

自 20 世纪 80 年代初期开始，河流保护重点从认识上发生了重大转变，人们开始认识到河道是包括河堤、护坡、河床、水体和生物等内容的复杂生态系统，既是防洪排泄和引水抗旱的通道，又是生态、景观、休闲和旅游的重要场所；河流的管理从以改善水质为重点，拓展到河流生态系统的恢复，这是一种战略性的转变。这个时期河流生态恢复活动主要集中在小型溪流，恢复目标多为单个物种恢复。典型案例是阿尔卑斯山区相关国家，如德国、瑞士、奥地利等国开展的近自然河流治理工程。经过 20 多年的努力，取得了斐然成效，并积累了丰富的经验。随后，日本在此基础上也展开了"近自然工事"等相关研究。

（1）德国近自然河流生态修复研究进展。真正意义上的河流生态修复技术起源于欧洲。生态修复是一项复杂的系统工程，将生态学原理、工程知识融合在一起；目的是依靠自然的自我修复能力，并辅以适当的人工措施，加速被破坏的生态系统功能恢复。

欧洲国家对阿尔卑斯山区的早期开发造成的大面积森林砍伐和植被破坏，以及为治理水土流失、泥石流等灾害而兴建的大规模传统水利工程所引发的生物多样性降低、这是由于人居环境质量的下降等问题，促成了人们对传统水利工程的反思。

1938 年，德国赛弗（Seifer）提出了"近自然河溪治理"的概念，指出治理工程应在实现河流传统的各种功能如防洪、供水、水土保持等基础上，达到接近自然的目的，这是学术界首次提出河道生态治理方面的有关理论。

20 世纪 50 年代，德国正式创立了"近自然河道治理工程学"，其核心思想是河道的整治要符合植物化和生态化的原理，以河道原始的自然状态为受损河流修复的最终目标。

1962 年，由 H.T.Odum 等提出了著名的生态系统自组织原理，并且将这个原理应用到工程实践领域当中，使生态工程有了坚实的理论基础，促进了生态工程理论的完善与技术的应用。

1965 年，德国 Emst Bittmann 在莱茵河用芦苇和柳树进行生物护岸实验，这是最早的河流生态修复实践项目。随后，德国进行了称之为"重新自然化"的关于自然保护与创造的尝试，开始在全国范围内拆除被渠道化了的河道，将河道恢复到接近自然的状态；同时开始进行垃圾处理场和采石场等的生态修复，使原来令人烦恼的不可用场地变成了自然恢复用地。从此，"重新自然化"风靡了全德国。

20 世纪 70 年代末，瑞士苏黎世州河川保护局建设部的 Christian

Gldi 将德国 Bittmann 的生物护岸法发展为"多自然型河道生态修复技术"即拆除原有混凝土护岸，改修为具有深潭和浅滩的蛇形弯曲型自然河道，让河流保持自然状态。

（2）日本整治河道经验

20 世纪后半叶，日本整治城市河道的目的仅仅是减少洪涝灾害，并没有考虑河流的自然环境特征及美学景观价值。

1986 年，日本开始学习欧洲的河道治理经验，河流管理者意识到快速城市化和工业化对城市河流水质、生态的损害，认识到保护景观和生物多样性的重要性，恢复河流的生态环境特性显得尤为重要。他们对多自然型河流生态修复方法进行了广泛的研究，强调使用生态工程的方法治理河流环境、恢复水质、维护景观多样性和生物多样性。20 世纪 90 年代，其首先提出了"亲水"观念，把生态型护坡技术应用于城镇河道建设中，并进行实践，推出了植被型生态混凝土护岸，在理论、施工及高新技术的各个领域丰富发展了"多自然型河道生态修复技术"。日本建设省河川局将其称为"多自然型河川工法"或"近自然型河川工法"，并成为一项成熟的技术加以推广应用到了道路、城市等领域。

3. 流域尺度的河流生态修复（20 世纪 90 年代）

河流生态系统是由生物系统、广义水文系统和人工设施系统等三个子系统组成的。生物系统包括河流系统的动物、植物和微生物。广义水文系统包括从发源地到河口的上中下游地带，流域中由河流串联起来的湖泊、湿地、水塘、沼泽和洪泛区，以及作为整体存在的地下水与地表水系统。水文系统与生物系统交织形成水域生态系统。而人类活动和工程设施作为生态环境的一部分，形成对水域生态系统的负面影响。因此，河流生态系统恢复不能只限于某些河段的恢复或者河道本身的恢复，而是要着眼于流域尺度的生态系统整体恢复。

20世纪80年代后期，具有典型性的项目是德国莱茵河的"鲑鱼—2000计划"和美国密苏里河的自然化工程，从恢复目标来看，大体是按照"自然化"的思路进行规划设计，这是大型河流生态恢复工程的开端。

20世纪90年代开始，欧盟已经把注意力集中在河流及流域生态恢复上，《生命计划和框架计划 IV》已经通过，其目的是增进人类活动对于生物多样性冲击的认识，恢复生物多样性的 功能。

美国也在20世纪90年代提出流域尺度生态恢复的命题，并按照这一思路进行了部分河流恢复规划。未来20年，美国将恢复60万公里的河流或溪流。已经开展的大型流域整体生态恢复工程有密西西比河、伊利诺伊河和凯斯密河。

从国外河流生态修复实践工作发展历程可以看出，国外河流生态修复实践侧重在于"河流生态恢复"。"恢复"这一概念是指通过人工调节作用等创造条件，使河流生态系统尽可能地向未受干扰的自然状态发展，至少达到一种"近自然"的河流状态，即恢复河流生态系统的自然过程连续。这样就把河流水质恢复内涵扩展为河流生态系统恢复，把河流管理的范围从河道及其两岸边界扩展到河流廊道乃至流域生态系统的尺度边界。河流研究者关注的对象也不再是仅具有水文特性和水力学特征的河流本身，而是具备无数自然过程的有生命特征的河流生态系统，这是河流生态修复工作上一种认识的飞跃。

（二）国内河流生态修复实践研究进展梳理

我国的河道生态治理技术古已有之。明代的刘天和总结历代植柳固堤的经验提出了包括"卧"、"低柳"、"编柳"、"深柳"、"漫柳"、"高柳"等在内的植柳六法，成为植被抗洪、改善生态环境、水土保持、营造优美景观的生态护岸的有效途径。

近代，我国在河流生态修复方面的研究起步较晚。传统的河流治理观念是把其作为防洪与泄洪的通道，河道笔直，河岸用石头和水泥砌成密不透风，还有整齐的栏杆将人居区域与水隔离开来。不仅如此，河床也是用混凝土和石板砌成的全封闭的河底。通过对自然河道的裁弯取直、硬化处理，在短时间内起到一定的防洪排污作用；但硬化的河道在使用一定的年限后水体开始变臭；河道无土层，水中很难有净化能力的植物、鱼类、微生物，河道失去自净能力；大量的工业、生活污水进入河道，河水富营养化，河道淤泥堆积，渐渐地失去了防洪泄洪的功能。通过对国外河道治理经验的学习，我国也开始了对河道生态修复方面的研究；随着科学发展观的不断深入，我国对河道的生态修复愈加重视，一些地区相继开展了河道生态修复治理工作。

2003 年，董哲仁首次提出"生态水工学"的理论框架，认为应该革新传统水利工程的设计思想，在水工学的基础上，吸收、融合生态学理论，超前开展"生态水工学"的研究，并探讨了河流生态修复的技术手段和基础研究问题。

2005 年，董哲仁、周怀东、李文奇、彭文启、张祥伟、孙东亚等进一步阐述了河流健康的内涵、评估的原则方法和技术、河流生态修复工程的评估准则、国外河流生态系统健康的定义、评价指标和实例等。

陈吉泉、王东胜等从不同角度分析了水利工程对生态环境的影响，认为以往的水利工程设计是在满足其防洪功能的前提下，着重于工程的结构设计，很少去考虑工程对周边生态环境的影响，使河流在结构和功能上受到损害。河流生态系统结构和功能的损坏及水污染，已经给我国水生态系统的生物多样性与水的可持续利用造成了很大的危害。治理河水污染方面还有很长的路要走，河流水质恶化趋势不能有效遏制，全面进入河流生态修复尚待时日。不过，水生态的修复与环境保护成为"十一五"时期水利部的重要目标。

近年来，国内各学科交流增多，景观与生态学、水利工程、环境工程的合作日益密切，河流的生态修复已经可以从多学科、多角度入手，更全面地解决问题。这其中不乏好的案例和著作，如河北迁安里河环境整治项目，该项目将河流治污、生态环境建设与城市开发相结合，希望通过河流环境整治带动城市发展建设；

通过治理河水污染，替换生态护坡，营造人工湿地等手段进行近自然河道生态修复工作，并起到了良好的效果；俞孔坚的《反规划途径》，书中以台州水系为基础，通过禁止开发和适度保护的反向规划，划定河流廊道保护的范围，以适当人工干预的方式进行近自然河道的生态修复。

综上所述，我国的河流生态修复实践工作虽然起步较晚，但是通过借鉴国外实践经验教训，对国外河流实践经验介绍、案例研究、理论吸收整理等方面进展较快。我国河流生态修复总体处于第一阶段即河流水质恢复，在治理河水污染治理上还有很长的路要走。河流生态修复工作应该是在河水污染治理基本达标的基础上展开，并且我国目前对于河流近自然化生态修复工作的理论和经验还不充足，还需要进一步的理论和实践研究工作，因此，我国的河流生态修复工作需要根据我国河流现状存在的问题，并总结出一套符合国情、切实科学可行的河流生态修复规划理论体系和规划策略。

第三节　小结

一、理论梳理总结

通过对河流生态学相关概念的梳理总结可以看出，自然过程连续性在河流生态修复，乃至河流生态学里都占有重要的地位；因此，本章以自然过程连续性为导向进行河流生态修复规划工作的展开是有据可循的，并且是科学合理的。而且在自然过程连续性与景观生态学的格局—过程理论，景观生态规划中，麦克哈格研究景观单元内垂直连续性的"千层饼模式"和鲁兹卡提出的研究景观单元内部与之间连续性关系的"LANDEP 模式"相吻合，也许自然过程连续性可以作为河流生态学与景观生态规划相结合的最佳切入点，但此论点不予以探讨。

二、实践梳理总结

在河流生态修复实践过程中，依旧可以看出对自然过程连续性的持续性关注和思考，甚至某些河流生态修复实践工程已经以恢复自然过程连续性作为河流生态修复的目标进行实际操作。

河流修复项目的实施需要了解流域特征，以及河流与流域之间所进行的能量、物质交换情况，应将流域内的不同级次的河流、水陆交错带、高地等部分作为一个系统来考虑，综合规划，提出一套完善的实施措施和步骤；需要利用生态学、生物学、地貌学、泥沙学、水力学及景观学等多种学科的交叉研究成果。具体进行河流生态修复工作时，应考虑河流流域尺度从河源到河口之间所发生的自然过程连续性状况。

通过对国内外河流生态修复实践工作整理综述可以看出，目前河流生态系统修复工作关注的自然过程主要包括以下四种。

1. 自然水文循环过程

这一过程它包括截流与蒸散发，地表水和地下水径流等。

2. 自然地貌过程

（1）沿河流纵向的自然地貌过程，包括河流蜿蜒形态影响泥沙输移和河道坡降过程；河床比降变化以及深潭—浅滩序列等。

（2）沿河流横向的自然地貌过程，主要指河水对河岸冲刷造成的水土流失情况。

3. 物理化学过程

主要指流量、温度、污染物浓度、溶氧量等影响河流水质健康的物理化学因素。横向尺度主要指河岸地区对水质的影响，包括点源和非点源污染等过程，纵向尺度则指河道内水流运输过程影响水质的过程。

4. 生物过程

生物过程指河流生物群落对栖息地众多因子变化的响应，以及生命系统与非生命系统之间的物质流、能量流、信息流等交互过程。

从尺度和维度上划分，自然水文循环过程主要在流域尺度、河流廊道尺度和河段尺度均有发生，自然地貌过程主要在流域尺度沿河水流动方向及河段尺度，物理化学过程则是在河段尺度以及沿河流动方向流域尺度发生，生物过程主要依托栖息地发生，主要集中在河流—滩区的河流廊道尺度和河段尺度。从这些分类可以看出，不同尺度和维度的自然过程都是交错伴随连续发生的，并没有明确的区分。然而通过对河流生态学理论梳理可以得知，河流生态系统是一个包括沿河方向、侧向、垂直方向和时间特征的四维连续系统，因此按照维度的梳理可能更有利于开展生态修复工作的理论研究与规划实践。通过河流生态系统特征研究可以看出，河流生态修复工作主要在流域、河流廊道和河段三个尺度展开。因此，本章的河流生态修复模型和尺度划分就此清晰。

第七章

基于流域尺度的河流生态修复评价

河流生态修复工程的监测是河流生态修复适应性管理的一项重要内容，并借此评价修复目标是否得以实现；同时以此作为检验是否要对设计、施工和工程维护方案进行调整的依据。

从世界范围来看，河流生态修复工程是一项新兴的工程领域。需要界定什么是河流生态修复工程，也需要制定河流生态修复成功与否的判别标准。由于对河流生态修复工程从理论到实践都存在不同的认识，很难有统一的判断依据。鉴于目前对河流修复主要是从生态的角度来进行，河流修复的目标是提高生态系统多样性，因此效果验证大多从水文、地貌特征和生物多样性这几个主要方面来考虑。通常可通过测量生物组成多样性来评估生态系统多样性，而生境多样性是流域生物群落多样性的基础，因此可将提高生境的多样性来作为河流修复的目标。

第一节　河流生态修复效果验证原则

一、明确河流修复的目标

修复前期设定的预期目标是对河流拟采取修复措施的一个基础，过去生态修复工程的结果存在很多不确定性。主要原因是缺乏开始阶段充分的设计研究。

确定河流修复目标时必须要考虑到该地区实际背景造成的限制以及当地社会—经济因素变量。确定一个地区的生态修复目标有多种途径，如历史资料的调查，选择一个未受干扰或者已经修复过的河流作为参考体系，利用经验模型进行分析，利用过程推理指导工程的设计等。

另外在有些情况下，并不需要进行复杂的专家分析，就可以明确修复目标是什么；例如对于缺少岸边植被的河流来说，就是需要重新恢复植被；而像处于人类居住区的河流来说，所要做的就是将家畜圈养以恢复生态系统。

此外，对于将要进行的生态修复措施要做一个描述或者假设，因为河流及其流域的功能通常都是非常复杂和多元化的，应尽量避免采取一些相互抵触的修复措施。

二、把握评价河流生态状况是否达到预期目标的时间尺度

对河流生态修复效果检验时要有一个变通的观点，因为生态系统本身就是一个动态变化的过程，生态修复应该是尽量恢复河流的自然过程，如果人为加一个终点则不合常理。

成功的生态修复工程会使河流的物理化学和生物组成朝着预期设定的目标发展，如一些消失鱼种的恢复、水质和水量的改善、堤防工程后退产生的季节性洪泛区的出现等都是生态恢复的标志。但生态修复并不能看作一个固定、有明确终点的过程，而是一个适应性的管理过程，使其沿着预定的目标去逐步接近社会和生态的良性发展需要一个不断调整的过程。对于河流生态状况

达到何种程度才算是完善难以准确把握，有时河流生态状况在具体的修复措施实施以后会有一个短暂的退化阶段，如一些大坝的清理会促使河流纵向连续性的增强，但是也会造成下游严重的沉积现象。因此在衡量修复措施对河流生态状况改善程度的时候，必须要制定一个时间尺度。

三、生态系统的弹性恢复力得到加强

成功的河流生态修复工程可以使河流的水文、地貌和生态因素成为一个弹性的、可以自我维持的系统。为增强河流生态系统的恢复力，在河流的管理中有必要模拟自然河流的某些过程，比如自然河流的水文过程、河道的动态稳定、汛期主漕与河漫滩的联通、营养物质的迁移转化以及相应的生物迁移过程。

目前对于如何衡量河流自我修复能力没有统一的标准，初步以河流生物多样性的提高作为其自我修复能力提高的 标志。

四、修复工程没有对河流生态造成进一步的破坏

对河流进行生态修复的首要原则就是该修复工程不会对河流生态环境造成进一步的破坏。修复工程对于河流生态系统来说也是一种干扰破坏，因此必须保证在修复过程中将破坏降低到最小，不要造成不可挽回的破坏；同时避免破坏当地的乡土物种，修复工程不要对其他的修复工作产生不利影响等。生态评估是一个修复工程极其关键的一部分，即使最终结果是不理想的，也要实现经验共享，这对以后进行修复工作都是宝贵的经验。

第二节 复州河生态修复效果验证

依据以上修复准则，本节以复州河为例，结合其生态治理规划目标，从以下几点对其修复效果进行检验。

一、河流生态修复目标的实现

本次复州河生态治理是在满足河流防洪功能要求的前提下，尽量创造生态景观，改善河流生态环境。

针对复州河两岸植被稀少的现状，本次治理规划在满足两岸防洪要求的基础上，尽量创造生态景观。河流标准横断面设计为三级，并根据断面形态设置河滩地绿化带和植被生态护坡。

二、河流传统水利功能的维持

河流生态修复并不是使河流系统完全恢复到历史上未受人类干扰的状态。在治理修复过程中必须承认人类合理开发利用河流的现实，河流要发挥防洪、供水、灌溉、发电、航运等传统水利功能，应在开发利用水资源与保护河流生态系统之间寻求相对平衡点。

复州河的河流生态修复也是在为人类社会服务与河流健康之间保持协调并实现可持续性。根据河流两岸的防洪要求确定河流堤防高程，保证两岸工农业生产的安全。在此基础上，尽量增加栖息地的多样性，采取植被护坡的生态岸坡防护结构；同时在河流堤防的规划和改建中，尽量加宽堤防间距，保持适当宽度的河漫滩，为洪水留有一定的空间，并恢复河漫滩植被。

三、河流生态状况的改善

提高河流生境的空间异质性是河流生态修复工程的重要任务之一，其中包括恢复河流纵向的蜿蜒性，河流横断面形状的多样性，护岸材料的透水性和多孔性等，形成急流与缓流相间、深潭与浅滩交错的丰富多样的生物栖息地。

河流生态修复的重点是恢复河流的自然地貌学特征，为生物群落多样性的恢复创造条件。复州河横断面采取三级断面，保证河流在枯季仍能实现长流水的目标，同时为其中的生物在枯季和冬季越冬提供生存条件。

河流生态状况改善的另一个重要方面就是栖息地状况的改善。栖息地是生物赖以生存、繁衍的空间和环境，关系着生物的食物链及能量流，是河流健康的根本。栖息地状况良好才能孕育出较好的生态质量，保护栖息地可以同时保护栖息地内的所有物种及其基因。

本次栖息地评估的研究，其前提条件是假设栖息地多样性与生物多样性之间存在必然的关系。河流中的水体，随着时空常呈现出不同的流态——水流流态主要受地理、水文及河道形态等因素影响而形成——同时也明显受到河流水利工程及水体利用等人为操作而改变原有的自然特性。水域的流态决定着栖息的水生物型态，多样化的水流流态造就了栖息地的多样性和物种的多样性。流态由流量、流速、坡降和河床底质结构等一系列因素共同决定。

栖息地研究中，利奥波德（Leopold）（1969）、斯莱特（Slater）（1987）、哈珀（Harper）（1995）将水流流态归类为浅滩（riffles）、缓流（slow run）、水潭（pool）、急流（rapids）、岸边缓流（slack）、回流（back water）六种。上述水流形态可以利用水深与流速的比值来表示，水力学上，周依特（Jowett）（1993）利用流速与水深比作为辨识浅滩、缓流、深潭流况的参数值；之后沃德森（Wadeson）和朗特里（Rowntree）（1998）又利用弗汝德数来描述浅滩、深潭、缓流等八种流况的变化。肯普（Kemp）（2000）等人研究不同河床底质与弗汝德数之间的关系，由此可见利用弗汝德数[①]可以明确区分水流流态的类型。国外一些学者通过对大量的河流野外调查数据作统计分析发现，将弗汝德数按 0.05 的增量划分，可以比较不同地区各种类型的栖息地。

设计频率洪水下的生境多样性变化状况，验证河流修复效果。不同频率洪水河流断面设计前后生境状况的比较结果。

根据河流设计前后断面生境状况比较结果，河流在 20 年一遇洪水情况下，生境状况改善较明显。推断其原因是因为在大洪水下，河流断面的侧向联系性加强，在洪水漫滩的情况下有利于创造更丰富的生境。

---

① 弗汝德数：水力学中的一个术语，即流体内惯性力与重力的比值。

四、小结

河流生态修复效果验证是河流适应性管理的一个重要组成部分。通过生态修复效果模拟来检验是否要对设计、施工和工程维护方案进行调整，可以避免以前对河流盲目治理、事倍功半的弊端。

河流的修复验证应遵循一定的原则，具体为明确河流修复目标、把握好生态修复效果达到预期目标的时间尺度、采取的修复措施未对河流生态环境造成新的破坏等。本节结合复州河生态治理实例，针对复州河生态现状，也提出了对复州河进行生态修复措施验证的几个要点：实现河流生态修复目标、确保河流传统水利功能和河流的生境状况改善。

最后选用复州河东风水库至西蓝旗闸河段的 36+385 桩号处断面，以 Fr（弗汝德数，水力学中的一个术语，即流体内惯性力与重力的比值）按 0.05 的增量作为判别水流流态的依据，进而比较在不同频率洪水下河流断面设计前后的生境状况。经过模拟验证，表明在修复后河流断面的生境状况较修复前均得到不同程度的改善。

第八章

淮河水污染治理机制研究

水环境污染问题的解决不仅仅是一个技术上的问题，更是一个经济问题，我们不仅仅需要探索水污染物的产生、迁移、降解的机制，更需要找出一套有效的水资源经济机制来合理配置水资源，有效治理水环境污染。对于水环境污染问题的产生，从自然技术角度讲，水资源环境存在两大自然理化特性：一是水环境容量，二是水环境净化能力。所谓水环境容量，是指特定水环境在其水质没有恶化到影响其基本功能的情况下所能承受的最大的污染物的量；所谓水环境净化能力，是指特定水环境对进入其内部的污染物的净化能力。水环境要维持其"健康"状况，必然以两大自然理化特性得以维持为前提。水资源具有经济稀缺性，水环境容量、水环境净化能力显然也具有经济稀缺性。换句话说，如果水资源配置不合理，就会扭曲水环境的水环境容量、水净化能力这两种稀缺经济资源的配置，水污染问题就将不可避免地发生。因此，水污染治理问题实际是水环境容量、水净化能力两种稀缺经济资源的合理配置问题。

即使我们有遵纪守法的企业、运转高效的政府和保证公众积极参与监督企业和政府的机制，一个不可回避的问题是，行使最高行政权力的国家如果没有做好水资源的管理和规划（即产权界定），水资源就不能公平、有效率地在各个行政区域之间进行分配；各个行政区域之间围绕水资源的产权交易市场就无法形成，而各个行政区域内部也会因为产权模糊而无法在区域内部形成一个统一的围绕水资源的产权市场，这将导致水资源配置无效率，进而导致水污染问题无法得到有效解决。

水资源属于公共物品，而公共物品的配置无论是政府行政计划配置还是市场价格机制配置，公共物品配置的失灵问题都在一定程度上不可避免的存在。因此，公共物品配置的失灵问题并不存在最完美的解决手段和方法。这类问题的解决应该是系统化和多元化的，应该针对不同的社会条件采取因地制宜的制度安排，依靠制度创新来解决问题。

淮河污染治理的失败是我国工业水污染问题治理的一个缩影。长期以来，我国还没有做好水资源的管理和规划，使得水污染治理未能有效率地在各个行政区域之间得到统一协调，而行政区域之间、各个行政区域内部也没有形成统一的水污染治理机制。同时，由于我国水资源产权模糊使得行政区域之间、各个行政区域内部未能形成统一的水务产权市场，这直接导致了水资源配置的低效率，这又使得水资源过度利用现象突出，加重了水污染的治理难度。另外，我国地方政府作为国家二级权力机关，往往只重视短期经济增长所对应的政绩形象，而忽视了环境污染的控制；加上我国长期缺乏鼓励、保证公众参与公共事务决策、监督的机制，又使得地方政府很容易偏离公共利益，而使工业水污染问题难以得到政府的有力控制。

第一节　淮河流域水污染治理机制现状概述

环境是相对中心事物而言的，通常所说的自然环境是指以人类为中心的各种自然要素（如阳光、空气、水、动植物、微生物等）的集合。自然环境与人类的生存发展息息相关，单从经济角度来看，人类的一切生产资源最终都来源于自然环境，人类在其生产和消费中所排放的一切废弃物又最终进入了自然环境中。

随着社会的发展，人类对环境的影响越来越大，因此必然带来环境资源枯竭、生态环境恶化等问题。人们很早就意识到了这些问题，并一直致力于采取措施来缓解人类生存发展与环境之间的矛盾。早在公元前 5 世纪至 4 世纪，古希腊医师希波克拉斯（Hippcraoes）在《关于空气、水和土地》一书中论述了环境因素与疾病的关系；13 世纪，英国国会发布文告，禁止伦敦工匠和制造商在国会开会期间燃烧烟煤；1829 年，法国制定《渔类保护法》，这是国外最早的水质控制法。20 世纪 60 年代以来，人类生产生活的需要与环境资源的矛盾日益突出，世界各国人民都对环境问题给予了极大的关注。

环境污染与水污染是一对种属的概念。关于环境污染，比较权威的定义是经济合作与发展组织（OECD）于 1974 年提出的：
"所谓环境污染，是指被人们利用的物质或者能量直接或间接地
进入环境，导致对自然的有害影响，以至于危及人类健康、危害
生命资源和生态系统，以及损害或者妨害舒适和环境的其他合法
用途的现象"。该定义得到世界上许多国家环境立法的认同。《中
华人民共和国水污染防治法》第 60 条第 1 项中明确规定："水
污染是指水体因某种物质的介入，而导致其化学、物理、生物或
者放射性等方面特性的改变，从而影响水的有效利用，危害人体
健康或者破坏生态环境，造成水质恶化的现象。"从这些措辞来
看，我国环境立法对"水污染"的定义和经济合作与发展组织的
界定基本上是一致的。本书所指的水污染遵循了这一定义。

在我国所有环境污染问题中，水污染问题是最大的困扰。根
据《全国环境统计公报》记载，2001 年、2004 年、2005 年发生
在我国的污染与破坏事故中，水污染事件都排在第一位。

工业水污染问题无疑是我国水环境污染问题中的主要矛盾，
因为从环境统计公报上看，工业污水的排放量虽然和生活污水排
放量相当，但工业企业排放的水污染物比生活污水对水体更具有
破坏性。中国工业长期以来的快速增长伴随着高投入、高能耗的
资源高消耗，这对我国的水环境构成了巨大的威胁。从长远来看，
这种增长模式是不可持续的，如何有效转变这种经济增长方式将
是摆在我们面前的一个很严肃的问题。

水污染问题的解决是一个技术上的问题，更是一个经济问题，

我们不仅需要不断探索水污染物的产生、迁移、降解的机制，更需要找出一套有效治理工业水环境污染问题的经济机制。"机制"指的是有机体的构造、功能和相互关系，泛指一个工作系统的组织或部分之间相互作用的过程和方式，如市场机制、竞争机制、用人机制等。对"机制"一词的定义应该包含四个要素：

（1）事物变化的内在原因及其规律；

（2）外部因素的作用方式；

（3）外部因素对事物变化的影响；

（4）事物变化的表现形态。

因此，本书所指的水环境污染治理机制是指治理水环境污染的行为主体、治理水环境污染的行为主体间的关系以及水环境污染治理制度所对应的方法和手段。具体说来，本书所指的水环境污染治理机制包括四个方面：一是水资源产权制度，二是水务市场，三是围绕水资源市场的政府管理体系，四是在水环境管理中的公众参与。

一、研究水环境污染治理机制的意义

（一）经济的可持续发展

"可持续发展"的概念，最先是于 1972 年在斯德哥尔摩举行的联合国人类环境研讨会上正式讨论，其含义是："既满足当代人的需求，又不对后代人满足其需求的能力构成危害的发展称为可持续发展。"换句话说，人类在追求自身发展的同时，要保护好人类赖以生存的大气、淡水、海洋、土地和森林等自然资源和环境，使子孙后代能够永续发展和安居乐业。我国有的学者对这一定义作了如下补充：可持续发展是"不断提高人群生活质量和环境承载能力的、满足当代人需求又不损害子孙后代满足其需求能力的、满足一个地区或一个国家需求又未损害别的地区或国家人群满足其需求能力的发展"。

可持续发展与环境保护虽然不等同，但有密切的联系。水环境污染在我国环境问题中最为突出，严重的水环境污染已经给我们的可持续发展提出了巨大的挑战。水环境污染治理机制的研究对于我国可持续发展战略的实施有重要的理论借鉴意义。

（二）经济外部性处置方式选择

经济外部性是经济主体（包括厂商或个人）的经济活动对他人和社会造成的非市场化的影响，分为正外部性和负外部性。外部性的存在会使私人收益与社会收益、私人成本和社会成本不一致，导致资源配置的无效率；人们普遍认为，市场自身无法消除外部性。这就是人们常说"市场失灵"的一种情形。另外两种主要的市场失灵原因—垄断和公共产品，其造成市场失灵很大程度上还是由于存在着不合理定价和"搭便车"等外部性影响所致。

水环境资源具有公共物品的性质，公共物品的配置始终伴随着经济外部性处置方式的选择问题。水环境污染具有典型的经济负外部性，而水环境污染的治理又具有典型的经济正外部性。水污染治理机制涉及对排污主体管制、对治污主体的补偿问题，这是对经济外部性处置方式的选择。现实生活中，文化教育、公共交通等经济领域也都存在着对经济外部性处置方式的选择。

因此，水环境污染治理机制的研究有助于为经济外部性处置方式提供借鉴。

（三）公共资源的产权安排

资源配置无论是借助于政府行政手段还是市场价格机制，都涉及资源产权的安排问题。产权的安排是资源有效配置得以实现的前提。对于公共物品的配置问题，单纯的政府配置和单纯的市场配置都会导致无效率；因此，对类似水资源的公共资源的配置要依靠政府和市场的结合，以实现公平和效率的目标。

水资源产权制度的不完善是我国水资源配置失灵和水环境污染治理失效的重要原因。我国的市场体制改革已经深入到产权改革的关键阶段，公共事业民营化的呼声越来越高，研究水资源产权制度不但有助于我们认清水环境污染治理失效的内在逻辑，而且对于我国市场经济体制的改革也有重要的借鉴意义。

二、研究方法和程序

（一）研究方法

（1）实证分析、规范分析相结合。实证分析、规范分析相结合，从我国淮河污染治理出发，找出我国水环境污染治理机制中存在的问题。

（2）比较研究。通过国内外水环境污染治理的比较分析，试图找出我国在水污染治理中的不足，并找到可供我国借鉴的国外成功经验。

（3）静态分析、动态分析相结合。对经济制度、政府政策手段的研究，一方面要以既定的经济发展阶段为基准来分析其合理性；另一方面，还必须随着时间的推移对产业技术发展、政府职能的演进等进行系统的分析研究，才能从中找到有效的政策手段。

（二）研究程序

（1）资料搜集。利用学校文献资源，查找国内外有关历史资料和相关材料，并展开分析。

（2）在分析结果的基础上进行深入的剖析与方法建议的研究。

（3）听取意见，反复修改，不断进行完善。

水环境污染问题归结起来是资源、环境与人类生产、生活活动的协调问题。自亚当·斯密的《国富论》发表以来，经济学家们一直坚信，市场是经济资源配置的最有效手段，价格信息这只"看不见的手"将引导人们以利润最大化和效用最大化为目标而促成资源的最优配置。长期以来，人们把环境问题的产生归结于市场机制的缺陷，外部性理论［布坎南（J.M.Buchanhan）；斯塔布尔宾（W.C.Stubblebine），1962；庇古（Pigou，H.C.）］是这一时期的代表，他们主张通过税收、行政处罚来纠正外部性。20世纪60年代以来，围绕"市场机制的缺陷"这一问题的探讨，兴起了许多新兴经济学分支学科理论。

三、关于市场失灵的理论研究

（一）制度经济学

20 世纪 60 年代兴起的制度经济学［科斯（Ronald H.Coase）；张五常］从产权界定、产权交易出发，对此前的外部性理论、公共物品理论进行了批判和发展。他们认为，如果产权是明确的，同时交易成本为零，那么无论产权最初是如何界定，都可以通过市场交易达到资源的最优配置。外部性问题是产权界定不清晰所导致的结果，而不是市场所固有的缺陷。

虽然现实生活中交易成本为零的情况是不存在的，但是制度经济学派认为，交易成本不等于零并不影响市场机制在解决环境污染问题方面的有效性。他们的理由是，如果有关最优污染水平的谈判所需要的交易成本低于支付交易成本的一方从谈判中得到的预期收益，谈判就会进行；反之，如果上述交易成本高于支付方的预期纯收益，则对于支付方来说，谈判得不偿失，因而也就不会进行。也就是说，环境污染问题的解决关键是产权明确问题，而不是交易成本是否为零的问题。在产权明确的情况下，即使市场机制没有促成环境污染问题的谈判发生，污染维持了现状，那是因为不谈判则不拥有相应产权，因而必须支付高额交易成本则是谈判一方的最优选择。这同样意味着，这是在产权明确的前提下，交易双方在交易成本条件下的最优选择。

产权学派则将外部性问题归结为产权安排的不清晰或者说不合理而导致交易成本过高，进而导致了资源配置的扭曲。现实生活中，包括水资源在内的自然资源的产权安排不清晰导致了环境问题的无法彻底解决。因此他们认为，明确自然资源产权体系，建立资源产权市场将是环境污染问题的必然途径。

产权学派的观点催生了排污权交易制度的出现。目前，这一政策在美国得到了少量的应用。美国的事实表明，这一政策的使用并未使污染排放较规定排污标准有明显的减少，只是每减少一单位污染所需要的成本下降了。

我国制度经济学派学者认为，随着围绕资源的新信息的获得，资源的各种潜在有用性被技能各异的人们发现，并且通过交换，实现其有用性的最大价值；每一次交换都使产权的权利边界更为清晰，从而使资源的市场价格与其稀缺性更为接近直至完全吻合，使资源得到有效配置。因此，制度经济学派认为，通过征收排污税、罚款等措施来纠正所谓的外部性在资源配置中的问题是治标不治本的做法，它甚至会带来更多的效率损失。既然显示生活中产权界定及产权的交易费用为正，政府作为社会管理者应强制介入产权市场，合理界定产权，并建立产权交易市场，这才有利于从根本上消除所谓的外部性，促使资源得到优化配置。

（二）公共经济学

公共选择理论［布坎南J.M.Buchanhan)，邓肯·布莱克(Duncan Black)，戈登·塔洛克（Gordon Tullock）］从公共资源（物品）的公共选择出发，探讨了公共资源（物品）的供给、补偿机制，也探讨了政府弥补市场缺陷的作用和理论手段。

萨缪尔森根据经济物品的消费特征将其分为公共物品、私人物品两个大类。纯公共物品（Pure Public Goods）是指任何一个人对某种物品的消费不会减少别人对这种物品的消费。因此，只要一定数量的纯公共物品被生产出来或被提供，社会的所有成员都可以进行消费。相反，纯私人物品（Pure Private Goods）则是指只有获取某种物品的人才能消费这种物品的物品。因此，纯私人物品在消费上具有竞争性，拒绝支付其市场价格的人就不能消费这种物品。

事实上，纯公共物品和纯私人物品是两个极端的现象，大多数消费品的消费特征都介于纯公共物品和纯私人物品之间，这种物品被称为混合物品，环境资源属于纯公共物品，这种物品的消费具有的非排他性或者排他成本极高，因此在这种物品的消费过程中，就不可避免地存在着"免费搭车者"。但问题是生产成本将得不到补偿，最终导致纯公共物品的供给难以为继。环境资源似乎并不存在生产成本，然而环境资源具有经济稀缺性，一旦免费搭车者问题发生，就将意味着环境资源的过度开发利用，环境污染和破坏问题也随之而来。

环境保护、污染治理也具有纯公共物品的特征，一旦免费搭车者问题发生，就将意味着环境保护、污染治理所需要的成本得不到补偿，最终导致其供给难以为继。

应当说，公共物品理论在解释市场机制缺陷和环境问题的产生上有较强的说服力，但公共物品理论并没有为解决上述问题提供有效的手段。公共物品理论认为，公共物品的供给由私人供给始终是无效率的，必须由政府独家垄断供给，才能保证公共物品供给的公平性和持续性。而现实的问题是，公共物品供给的政府独家垄断往往导致的是资源利用的低效率。近年来，公共物品供给的民营化正越来越受到各国政府的欢迎。围绕这一课题的研究和实践也逐渐成为热点。

（三）规制经济学

20世纪60年代以来，立足于市场失灵的种种原因（自然垄断、经济外部性、公共物品供给机制、信息不对称、难预知的风险、公正分配等）的研究，规制经济学逐渐形成。在20世纪80年代以前，规制经济学是没有系统的理论的，几乎所有的研究都是经验研究。1986年，法国经济学家拉丰（Laffont）教授和梯若尔（Tirole）教授在《政治经济学》期刊发表《运用成本观察来治理企业》这篇经典论文，成为"新规制经济学"的创始人；后来日本经济学家植草益又在前人研究的成果上作出了更多开创性的研究，为政府对市场缺陷的弥补提供了很好的理论支持。

植草益认为，政府作为公众利益的代表和市场的维护者甚至是建立者，有必要也必须对市场中的私人以及经济主体行为进行限制，以保证市场运行的公平和效率。政府规制又叫公共规制，日本经济学家广义的公共规制行为进行了划分。

政府对工业水污染问题的规制属于社会性规制，即以保证劳动者和消费者的安全、健康、卫生、环境保护、防止灾害为目的，对物品和服务的质量以及伴随着提供它们而产生的各种活动制定一定的标准，并禁止、限制特定行为的规制。

水资源是公共资源，水污染问题也关乎公共利益，同时带有强烈的外部性色彩。因此，政府显然应当采用合理的手段对水资源的供给和分配加以强有力的规制。规制经济学理论对水资源供给和水污染问题有很深的借鉴意义。

（四）博弈论

王斌、张英杰、孙志和在研究中认为，环境污染治理的过程中污染企业和环保稽查部门之间存在着信息不对称，为此他们建立了政府、污染企业和环保稽查部门的不完全信息动态博弈模型。

黄赜琳、叶民强、金式容在研究中将公共河道水污染问题视为几项博弈的结果。首先，他们假设河道沿岸的每个企业都清楚该河道的最大纳污量以及河内水资源的可利用价值，那么河道上各家企业在排污过程中各自决定的最优排污量问题属完全信息的静态博弈问题；其次，他们认为公共河道沿岸各企业在"治污"上存在博弈；再次，他们认为排污企业和政府之间互相知道对方行为的概率，因此企业治污与政府监督之间存在完全信息静态博弈。

张俊、张荣认为，河流水污染问题中存在两种监督博弈，一是简单罚款博弈，对应于地方政府缺乏完善的法律、法规和积极有力的监督；二是政府要求污染源企业承担责任的监督博弈，对应于地方政府加大防治污染的投入，并积极追究污染源企业对污染损失承担责任。

四、关于自然资源配置的理论研究

20世纪60年代以来，专门研究资源环境的环境经济学、资源经济学两大经济学分支逐步形成。

（一）环境经济学

在环境污染日益严重和环境资源稀缺性出现的背景下，人们逐渐认识到环境污染不是纯粹的技术问题，也是经济问题。从西方研究进程来看，环境经济学早期研究侧重于理论，如外部性理论［布坎南（J.M. Buchanhan），斯塔布尔宾（W.C. Stubbleline），1962；庇古（Pigou, H.C.）］、公共物品经济学中的公共物品理论［萨缪尔森（Samuelson），1954；］等；而近期研究则转向环境经济分析技术以及环境管理经济手段的研究和政策建议，如在环境经济系统规划中引入投入产出法，把费用效益分析方法应用于一般的环境决策问题，以及如何在现代环境管理中应用市场经济手段等。其中有许多分析方法和环境经济政策研究成果已被政府环境立法或管制所采用。

（二）资源经济学

西方资源经济学说一般以其既定的商品市场关系为背景，把资源当作一种商品，讨论资源的供求关系及价值决定，讨论在各种市场情况下资源配置机制及效率。应该说，这为环境资源配置和环境污染问题的解决提供了很好的理论工具。在我国长期忽视资源经济价值和商品属性的情况下，资源经济学尤其应当在资源环境问题中得到充分应用。

（三）关于环境污染治理的政策主张

在资源分配和污染治理的政策主张中，厉以宁、章铮认为，市场起着基础作用，市场机制应当是第一次调节，国家干预是第二次调节；只有在第一次调节出现了无效率时，才需要第二次调节。

在污染治理的政策主张上，左玉辉的观点也具有一定的代表性，他认为环境经济调控应当遵循如下原则：首先，在技术和经济可能的前提下，政府应当在明晰产权的基础上将环境经济资源由共有态转化为市场态或公共态，尽可能减少共有态物品的比例来增加市场态物品的比例，靠市场机制来有效配置环境经济资源；其次，通过政府规制手段来弥补市场缺陷，将市场态物品、公共态物品的生产和消费过程中产生的外部性内在化，从而实现环境经济资源的优化配置。相关资料表明，目前各国普遍都在按照这一思路对工业水污染问题进行规制。

总体来看，学界对政府如何规制工业企业水污染行为提出了两种思路。一是不改变原有市场的产权结构，将排污企业所带来的外部成本内部化，让企业来承担污染成本。这样做一方面可以促使企业设法减少污染的排放，另一方面可以使企业来承担污染治理的部分费用。二是重新确定适当的方向，改变原有市场的产权结构，依靠新的市场来弥补原有市场的缺陷。这样做一方面可以大大减少政府的规制成本，另一方面可以减少政府脱离公众利益的现象发生。

汉密尔顿等人在《里约后五年——环境政策和创新》一书中将现有的资源管理与污染控制的手段分类，其利用市场和创建市场属于经济手段，而利用市场即是上述第一种思路的体现，创建市场则是上述第二种思路的体现。而实施环境法规、鼓励公众参与则是经济手段的必要辅助。

然而，近年的调查表明，虽然各种经济手段已经被认为是解决污染问题的有效机制，政府仍然没有怎么利用经济工具，并且早期研究中关于排污权交易市场的建立所带来的政府规制成本的节约也被证明有所夸大。

我国国内所谓产权结构，是指在特定考察范围内产权的构成和因素及其相互关系和产权主体的构成状况。它包括两层含义，一是由哪些权利项所组成，相互间是什么关系；二是不同权利项的分离组合情况。

屡屡出现的"污染反弹"问题也证明了这一点。这一方面固然因为经济手段发挥作用需要精心的制度安排，受现实技术、法律等的限制，最终设计出来的制度往往达不到预想的效果。我们更应该看到，市场手段的运用需要较多的信息，政府选择市场手段来规制企业的排污行为时，需要准确测定企业的排污带来的外部成本，同时还需要准确地知道社会收益曲线，这样才能使市场手段发挥出预想的作用效果；而由于技术的限制、排污企业的隐瞒等原因，政府要确切地获取这些信息是很难达到的；或者即使可以达到，其成本也会过于高昂，如在意大利的水污染控制政策中，很少运用经济工具，其主要原因就在于该国对水污染排放的监督及实施技术"相当落后"。

综上所述，我们不难发现，水资源配置和水环境污染问题的解决并不存在完美的解决手段和方法。这类问题的解决应该是系统化和多元化的，应该针对不同的社会条件采取因地制宜的制度安排，依靠制度创新来解决问题。

第二节　淮河流域水污染治理机制存在的问题及原因

淮河是中国的第三大河流，地处中国东部，介于长江和黄河两流域之间，流域面积 27 万平方公里。流域西起桐柏山、伏牛山，东临黄海，南以大别山、江淮丘陵、通扬运河及如泰运河南堤与长江分界，北以黄河南堤和沂蒙山与黄河流域毗邻。淮河流经河南、湖北、安徽、山东、江苏 5 省，全长约 1 000 公里，养育着我国近 1/6 的人口。

本节将以 2004 年 7 月淮河污染暴发事件为界限，分析淮河水环境污染问题的由来及政府在 2004 年以前为应对污染而采取的政策措施，并对 2004 年以前的政府政策效果作出评价。

一、淮河水环境污染问题的由来

淮河流域水污染始于 20 世纪 70 年代后期，进入 20 世纪 80 年代，随着流域经济快速发展和城市化进度加快，淮河流域各地在发展工业和乡镇企业时，只顾短期经济效益，而忽视了对环境的保护，沿河地区办起了大批小造纸厂、小化工厂、小制革厂、小电镀厂等污染严重的工厂，污水排放量明显增加，造成淮河干涸、支流严重污染。当地人民用生动形象的语言描述了淮河水质的变化情况："20 世纪 50 年代淘米洗菜，60 年代洗衣灌溉，70 年代水质变坏，80 年代鱼虾绝代。"淮河的水污染是与工业发展同步产生并渐进式加剧的。过去，淮河流域以农业为主，河水清澈见底，随时都能捧起来饮用。而到了 20 世纪 80 年代末、90 年代初，淮河水的污染已达到令人触目惊心的程度。生态灾难成为淮河新的最主要的灾难。

在经过 10 年一共 600 亿人民币治污后，到 2004 年，淮河水质竟回到 10 年前的水平，这两年来，淮河水质又进一步加速恶化，整个淮河六成水体已经完全丧失水功能，有的河段取得连蚊蝇都绝迹了。

在经历了淮河污染大暴发的教训后，人们对淮河是环境问题仍然不够重视，对淮河水资源的开发利用和污染治理仍然没有拿出切实可行的措施来。这表现在以下两个方面。

（一）淮河水资源仍然被过度开发和利用

淮河流域水资源总量随着全球气候的变化呈现出不稳定的趋势，但淮河流域的水资源利用开发量却比较稳定，在流域内水资源供给起伏不定且存在很大变动的情况下，其需求量却没有随着供给的变化而得到很好的调节，这使得在枯水年份中淮河水资源开发利用率甚至高达 80% 以上，大大超过国际上内陆河流合理开发利用程度 40% 的利用上限，进而使淮河水体自净能力下降。

（二）淮河水环境重大污染来源仍然没有得到控制

有统计显示，淮河的污染主要来源于其沿岸的工业，2003 年淮河的经济增长率（按工业总产值）为 39.4%，其增长率的主要构成为化学原料与化学制品制造业（27.8%）、电力以及热力的生产和供应业、农副食品加工业（3.7%）、交通运输设备制造业（2.5%）、石油和天然气开采业（1.3%）、黑色以及有色冶炼及压延加工业（0.2%）、造纸（0.8%）、食品制造业（0.5%）、医药业（0.2%）、纺织业（0.2%）等等。其中，造纸业、化学原料与化学制品制造业两个行业其废水排放总量、COD 排放总量以及氨氮排放总量分别占整个淮河流域的 48.5%、60.3% 以及 74.2%，其万元产值新鲜用水量位于整个工业行业的第一、二位，分别为 265 万吨 / 万元、129 万吨 / 万元。

目前，淮河流域主要的经济增长方式仍然沿袭传统的经济增长方式，结构性污染依然突出。根据 2003 年环境统计数据，淮河流域的重污染行业主要为造纸业、化工制造业、纺织业和饮料制造业，与 2002 年相同。

二、淮河水环境污染治理的行政化倾向

或许不少人以为政府没有出台严厉的政策和法来令应对日益严重的淮河水环境污染，其实不然；事实上，为了改变越来越严重的污染现状，从 20 世纪 70 年代以来，中国政府就开始倾注巨大的精力和投入，淮河流域有了许多保护它的政策和法令。

1977 年，国务院批准成立治淮委员会；1978 年，《淮河流域水质监测站规划》和《污染治理规划》出台；1980 年，豫、皖、苏、鲁 4 省完成了首次淮河流域及山东沿海诸河水质调查评价。

1988 年，国务院批准成立淮河流域水资源保护领导小组。由流域 4 省人民政府、有关厅局和国家环保局、水利部、治淮委负责人组成，以强化对水资源保护工作的领导。

1989 年 2 月，淮河大范围突发污染事故。为此，安徽等 4 省政府、国家环保局和水利部联合颁布了《关于淮河流域防止河道突发性污染事故的决定》（试行）。

1994 年 5 月，国务院环委会在安徽省蚌埠市召开淮河流域环保执法检查现场会，传达了国务院关于"在 20 世纪末以前，恢复淮河流域本来面目，为 21 世纪淮河流域的生态、经济发展进一步的建设创造一个最起码条件"的决定。

截至 1994 年的统计，中国已制定了 4 部环境法律、8 部资源管理法律、20 多项环境资源管理行政法规、260 多项环境标准，初步形成了环境资源保护的法律体系框架。

1995年8月，国务院颁布了《淮河流域水污染防治暂行条例》，明确表示要对淮河流域进行重点治理，杜绝新污染源的产生，禁止在淮河流域兴建化工和造纸企业。在1995年5月底以前，关闭年产量在5000吨以下的造纸厂，并在全流域所有城市建设污水处理设施，力争到2000年使淮河变清。

2015年3月，《关于促进淮河生态经济带发展的建议》获得李克强批示。2016年3月，淮河生态经济带建设写入"十三五"规划纲要。2017年4月，国家发改委启动《淮河生态发展规划》编制，并上报国务院。

三、对淮河水环境污染治理效果的评价

在政府出台了一系列政策措旋后，淮河水环境恶化趋势仍然没有得到根本扭转，2004年7月16日至20日，淮河支流沙颍河、洪河、涡河上游局部地区普降暴雨，上游5.4亿吨高浓度污水顺流而下，形成长130公里～140公里的污水团。这次污染事件大大突破了1994年7月污水团总长90公里的"历史纪录"。

从1994年宣布治理淮河污染到2004年，10年来政府投入的污染治理资金达到了193亿元。2004年5月，南京大学生记者团从源头开始分段采访的结果表明，10年来治污的成效低微，有的地方污染依然严重，甚至比以前更甚。

（一）2004年以来的淮河水资源开发利用

从2004年、2005年淮河水资源利用率的变化情况来看，我们可以发现，在流域内水资源供给起伏仍然存在很大变动，而其需求量仍然没有随着供给的变化而得到很好的调节。在2004年的枯水年份中,淮河水资源开发利用率甚至高达85%以上,大大超过了国际上内陆河流合理开发利用程度40%的利用上限。而在2005年的丰水年份,淮河的水资源的开发利用仍然超过40%的上限。如果保持这样的趋势,淮河水体自净能力下降将不可避免。

《淮河水资源公报》显示,2004年、2005年淮河利于各类供水工程总供水量中,污水回用等其他水源供水均仅仅占0.2%。这说明人们在淮河水资源的开发利用中只注重开发,不注重水资源的节约利用。从耗水量来看,2004年、2005年淮河流域总耗水量分别为320.34亿 m^3、297.62亿 m^3,耗水率分别为65%、62%。其中,农田灌溉耗水率分别为76%、73%;林牧渔畜耗水率分别为79%、82%;工业耗水率分别为21%、20%;城镇公共耗水率分别为33%、40%;居民生活耗水率分别为64%、63%。虽然由于水资源的用途不同,其耗水率往往不同,但从总体上看,淮河流域的水资源利用率不高,这跟淮河流域工农业生产技术的落后、产业结构不合理有很大关系。水资源耗散较高,这就意味着生产单位产值的产品需要的水资源较多,将加大水环境资源的供给压力。

可以预见,在全球气候变化的大环境下,淮河的水资源总量仍将呈现出一定的不稳定性。如果淮河水资源开发利用不能得到合理的调控,淮河的水环境容量和水体自净能力都将遭到极大的破坏,甚至变为又一条出现断流的黄河。

二、2004 年以来的淮河水环境质量。

《2004 年淮河水资源公报》显示，据对 188 个城镇 997 个入河排污口实测，2004 年淮河流域主要城镇入河废污水量 44 亿 t，入河 COD 量 108 万 t。对淮河流域 11 676km 河长进行全年期（平均值）水质评价，水质良好的 I 类水河长 128km，占 1.1%；水质较好的 II 类水河长 1 499km，占 12.19%；水质尚可的 III 类水河长 2 278km，占 19.5%；水质已受到污染的 IV 类水河长 2 067km，占 17.8%；水质受到较重污染的 V 类水河长 1 311km，占 11.2%；水质受到严重污染的劣 V 类水河长 4 394km，占 37.6%。其中，对山东半岛 1 408km 河长进行全年期（平均值）水质评价，无 I 类水和 III 类水，II 类水河长占 12.6%，水质劣于 III 类的受污染河长占 87.4%，污染较为严重。

《2005 年淮河水资源公报》显示，据对 220 个城镇 1 149 个入河排污口实测，2005 年淮河片主要城镇入河废污水量 58 亿 t，主要污染物质 COD 入河排放量 122 万 t。其中淮河流域实测了 186 个城镇 1 055 个排污口，入河废污水量 45 亿 t，入河 COD 量 98 万 t。对淮河流域 12 100km 河长进行全年期（平均值）水质评价，淮河流域全年期（各期均为平均值，下同）评价河长 12 100km，水质良好的 I 类水河长 33km，占 0.3%；水质较好的 II 类水河长 931km，占 7.7%；水质尚可的 III 类水河长 2 909km，占 24.0%；水质已受到污染的 IV 类水河长 2 652km，占 21.9%；水质受到较重污染的 V 类水河长 874km，占 7.2%；水质受到严重污染的劣 V 类水河长 4 702km，占 38.9%。其中，对山东半岛 1 757km 河长进行全年期（平均值）水质评价，无 I 类水，II 类水河长占 6.1%，III 类水河长占 18.3%，水质劣于 III 类的受污染河长占 75.6%，污染较为严重。

有统计显示，从 20 世纪 70 年代宣布治理淮河污染到 2004 年，仅仅从 1994 年到 2004 年的 10 年间政府投入的污染治理资金达到了 193 亿元，各级政府的投入不可谓不多。从 1977 年国务院批准成立治淮委员会到 1995 年国务院颁布了《淮河流域水污染防治暂行条例》，可见，政府治理污染的决心不可谓不大。因此，淮河污染的治理不能归咎于政府的不重视。然而，2006 年 5 月，国家环保总局对《淮河流域水污染防治工作目标责任书 2005 年度执行情况》的评估显示，尽管江苏、安徽、河南、山东等沿淮四省人民政府总体任务完成，但进展不平衡，淮河水质还属于中度污染，仍有一些跨省界断面水质不能达标，部分二、三级支流仍为劣 V 类水体，水体中氨氮浓度很高。

2007 年 8 月 26 日，全国人大环资委向人大常委会报告跟踪检查淮河辽河水污染防治情况。报告指出，整个淮河流域主要污染物 COD 入河排放量自 1993 年至 2000 年逐年下降，自 2001 年至 2003 年出现反弹，2004 年以后呈下降趋势，但 2006 年仍然超过国家"十五"计划目标的 83%。检查组对两大流域的主要支流和周边城市的排污进行调研，发现支流的污染也相当严重，流域内城市排污能力普遍较低。

至 2015 年年底，流域省辖市城市污水处理达到 70%，县城市市区和县城所在污水处理率达到 45%；化学需氧量和氨氮入河量控制在水环境容量范围内；在上游来水基本正常的情况下，淮河干流和水质达到水环境功能区要求，淮河干流、城市集中式饮水源地水质达到Ⅲ类，主要支流水质达到Ⅳ类或Ⅴ类。

综上所述，从 20 世纪 70 年代以来，我国政府在淮河水环境问题上主要运用了大量的行政手段，虽然也取得了一定的成绩并在一定程度上缓解了淮河水环境质量下降的速度，但并没有从根本上扭转淮河水环境污染日益严重的趋势。因此，我国政府在淮河的水环境污染治理上所采取的行政治理策略，从总体上讲是失效的。

四、淮河水环境污染治理失效的原因分析

现有的研究表明，淮河水环境污染问题失效的原因是多方面的。尽管工业企业的污染排放是淮河水环境污染问题的一个最为敏感的环节，但仅仅把问题集中在加强对排放污染的工业企业的约束显然是不够的。

本书在借鉴前人的研究成果的基础上认为，水环境污染治理依赖于一套围绕水资源配置的行之有效的治理机制，这套机制有四个重要的组成部分：一是水资源产权制度，二是水务市场，三是围绕水资源市场的政府管理体系，四是在水环境管理中的公众参与。这四个组成部分有其内在的层次联系，其中，水资源产权制度是水资源市场机制得以建立的前提，水资源市场机制的健康运行需要政府的管理体系的有力支撑，而政府的管理体系则应该有公众的参与。因此，本节将围绕水污染治理机制的四个方面进行探讨。

（一）水资源产权界定不完善

根据科斯定理，在资源供给、需求方等市场主体间信息充分的情况下，且供给方、需求方对资源的性质完全了解的情况下，无论初始产权的配置状态如何，充分信息的市场将自动引导资源的配置达到帕累托最优①。然而，一个显然的事实是，在水资源的配置过程中，水资源的供给方（往往是政府）和水资源的需求方（用水单位和个人）之间并不具有充分的信息，最终，取水的单位和个人都有动机隐瞒自身的取水需求和用水效率，而水资源供给方——政府显然无法获取真实的需求信息，这必然导致水资源在取水环节的配置效率低；另外，排污单位和个人也有动机去隐瞒自身的排污量和污染治理技术对应的成本函数，作为水环境容量、水环境净化能力供给方的政府也难以获取排污方的成本函数信息，如此，水资源（此处特指水环境容量、水环境净化能力两项目资源）的配置在污染排放环节也必然是失效的。

既然科斯定理在水资源的配置问题中并没有成立的前提，水资源的产权安排就显得十分重要。因为一项资源的配置无论是通

---

① 帕累托最优：指资源分配的一种理想状态，假定固有的一群人和可分配的资源，从一种分配状态到另一种状态的变化中，在没有使任何人状况变坏的前提下，使得至少一个人变得更好。帕累托最优状态就是不可能再有更多的帕累托改进的余地；换句话说，帕累托改进是达到帕累托最优的路径和方法。帕累托最优是公平与效率的"理想王国"。

过政府计划配置还是通过市场手段的配置，资源的产权安排都是资源有效配置的前提条件，这实际也是科斯定理给我们的一个重要启示。

借鉴李雪松在《中国水资源制度研究》一书中采用的水权划分体系，本书将水权划分为：所有权、经营权、使用权及其与三项权力对应的水资源配置权、水经营特许权和水管理的监督权。同时，依据水资源不同的使用功能和配置特点，本书把水资源分为原水、清洁水、污水。

《中华人民共和国水法》规定："水资源属于国家所有。水资源的所有权由国务院代表国家行使。农村集体经济组织的水塘和由农村集体经济组织修建管理的水库中的水，归各该农村集体经济组织使用；国家对水资源依法实行取水许可制度和有偿使用制度；国务院水行政主管部门负责全国取水许可制度和水资源有偿使用制度的组织实施；国家鼓励单位和个人依法开发、利用水资源，并保护其合法权益。开发、利用水资源的单位和个人有依法保护水资源的义务。"

从《中华人民共和国水法》条文我们可以看出，我国法律界定了水资源的所有权——全民所有；水资源经营权——政府特许给具备相关资质的单位和个人；水资源使用权——原水由政府配置；清洁水使用权由市场配置，政府管制其价格；污水由政府强制管理，污水（污水也是水资源，无论被处理与否，污水始终最终都要回到水环境中）经营的定价等受政府管制；水资源配置权利——政府代表人民行使水资源配置权；水资源经营特许权——政府代表所有权人行使；水管理监督权——法律社会公众。

从以上分析我们可以看出，在法律意义上，我国水资源产权的界定是明晰的。但值得注意的是，目前我国水资源产权的界定尚存在诸多不科学之处，这表现在一下三个方面。

（1）《中华人民共和国水法》禁止水权的转让，使水资源的二次分配受到阻碍，这是水资源配置低效率的主要原因。地方政府在获得原水配置权后，出于地方经济发展的考虑，往往会按照本地区利益最大化的原则来配置原水资源，将水资源以极低的价格配置给本地用水单位；同时，地方政府甚至不会严格控制用水单位的取水量。在水权禁止转让的法律框架下，这会导致两个问题的产生：

①用水单位在获得取水权后，将以自身利益最大化为原则来取水，而不顾全整个水体的水资源量的维护问题；用水单位将缺乏改进技术、提升效率的能力，从也缺乏而节约水资源的动机，这势必导致水资源的浪费；

②取水权的转让被禁止，水资源将无法在用水效率有差别的用水主体之间流转，水资源的配置将缺乏效率。

（2）清洁水由市场配置，但市场价格被政府管制过死。一旦清洁水价格不能真实反映水资源的稀缺程度，其对市场供给和需求的调节作用将受极大的限制。

（3）污水由政府强制管理，政府要求城市生活污水要集中处理、达标排放，但现有污水管网多数是在各水资源管理部门、城市各区域相对分割的计划经济体制下的产物；其设计、运营往往难以与污水处理厂的建设运营匹配，缺乏污水集中处理的合理设计规划，污水处理厂常常得不到足够的污水而设备闲置。另外，污水经营的定价等权利也被管得过死，污水处理企业往往处于亏损状态。

因此，本书认为，我国的水资源产权体系虽然已建立起来，但尚有诸多不科学之处需要我们解决。

（二）水务市场各个环节被人为分割

我国在城市水务市场化改革前，水务由地方政府投资、建设和运行管理。此阶段行业管理和企业经营管理主题合一，政企不分和政资不分的体制背景导致城市水务产业出现以下三个方面的分割。

首先，形成了以行政区域为界限的区域分割。各城市拥有自己的供水厂，并以事业单位的形式进行运营管理。同一地区的水厂形成区域性供水垄断。长期以来，我国城市政府对贡税企业的定位，往往局限在保障本地区供水上。加之担心对外投资风险较大，容易导致投资失误，政府更加强了对供水企业跨区域投资经营的限制。公用事业的地区垄断性在供水行业表现得尤其突出。

20世纪80年代以来，我国城市排水及污水处理事业逐步发展，但在体制上仍然延续了事业单位制，其投资、建设和运营管理都由地方政府主导，基本上是以行政区划为界，各区域内各自为政。

其次，导致了水务产业运行的分割。为对应城市水务产业价值链条各环节，水源治理归属水利部门及其下属单位，原水供水工程有专门的工程指挥部或肩负类似职能的公司，净水、管网配送、城市供水则由城建部门及其下属单位负责。水务产业链因行政管理的分割而分属不同的利益主体，使价值链的许多节点处于相对独立的状态。从形式上看，城市水业为地方政府所有，并由其统一经营、管理。但内部各环节的部门分割，形成了"管供水的不管排水，管排水的不管污水处理，管污水处理的不管中水回用"的现象，产业纵向一体化程度低，产业组织效率低下。

最后，形成了水务产业投资、设计、建设和运营的分割。在传统的城市水务运行体制下，投资主体、投资规划、建设以及运营主体是相互分离的，分别由财政部门（或政府城建投资公司等）、城市规划和市政规划设计部门、自来水公司或污水处理厂负责。在城市规划部门的相关建设规划指导下，通常由政府投资，委托工程建设单位进行设计、施工，待竣工后由自来水公司等单位进行运营管理。

随着我国水务市场的开放，民间资本大量进入，围绕我国水资源的市场已经初具规模。有统计显示，2003年我国水污染治理产品的生产实现了较大增长，销售产值比2002年增加了30%，比2000年翻一番，达到约220亿元；同时，工程公司承包水污染治理工程的数目和收入额平均增长超过40%。20世纪90年代以来，随着我国公用事业向外资的开放，外资大举进入水务行业，促进了我国水务产业的发展。截止 2003 年，我国水污染治理行业出现了外资跨国水务企业、国有水务大型上市公司组成的本土水务企业、国内民营环保企业或股份制的民间水务企业的三足鼎立局面。

然而，前发改委价格司副司长的许昆林曾撰文指出，价格机制在市场经济的作用中是核心机制之一，在推进市政公用事业的改革中，价格机制是非常重要的。他同时还指出，我国现行水价偏低，还不能够充分体现我国水资源紧缺的状况，这将不利于水资源的合理配置，也不利于水务行业的发展，进而影响到生产、生活用水。在取水环节上，水资源税收征收体系的不完善直接导致了水资源税收偏低，其价格偏离水资源价值，进而导致水资源过度利用，水资源管理、维护经费不足。另外，在供水环节，由于供水主要被政府垄断，政府对其他供水企业实行了严格的价格管制，也导致用水价格市场机制还不能充分发挥作用。这一方面导致了水资源的浪费，另一方面也不利于供水市场的发展，无法使水资源配置达到最优。扭曲的水资源价格也使得缺乏水资源利用效率的工业企业长期存在，水资源的过度利用使得水环境容量大大下降，加重了水污染问题。我国的水资源价格与发达国家相比明显偏低，而需要注意的是，很多发达国家的人均水资源占有量排在我国之前。

水资源定价造成的水资源配置扭曲问题在我国数不胜数，比如，目前黄河到了几乎年年断流的状况，但黄河水资源取水价格每吨仅仅几分钱甚至几厘钱；城市地下水超采已经十分严重，许多城市的企业和单位仍然无偿开采地下水。

在污水处理环节上，污水的排放、治理被人为割裂，没有科学规划设计的污水排放管网，使得生活污水不能集中处理而进入水体。另外，工业企业的污水处理市场没有建立起来，工业企业因行业性质不同，其产生的污水理化性质也往往有所不同，而其对应的污水处理工艺和成本也有所不同。显然，工业企业和政府之间在污水处理工艺和成本问题上存在信息不对称，政府就很难知晓企业的污水处理成本，进而难以制定出合理的处罚标准；企业就有动机隐瞒其处理工艺和成本，进而逃避污染处罚。尽管当前政府的监督力度不够是工业污染泛滥的直接原因，但根本原因还是在于政府作为水环境容量、水环境净化能力资源的垄断供给者，造成了市场机制的缺乏。一旦水污染治理市场形成，市场上出现了独立于政府的水污染治理供给者后，供给者的竞争不仅可以促使高效、低成本的污水处理技术、设备产生，使工业企业的污水处理需求得到满足；同时，也利于政府通过技术供应商的市场竞争价格，知晓排污企业的处理工艺和成本，进而制定出合理的处罚标准，提高监管效率。

从我国的实际来看，正是由于整条水务产业链条的断裂，使得政府投资建设的污水处理厂连连亏损，市场的不健全使得民营资本很难参与到污染治理市场中来。污水处理工厂属于环保行业，其生产经营无疑具有较强的外部性，即其私人边际成本往往大于社会边际成本。由于我国目前的污水处理市场价格往往低于污水处理工厂的生产成本，这导致大部分污水处理工厂产生亏损而逐渐退出市场。因此，政府应该做的是放松排污费收取的管制，提高征收标准，使市场价格回归其应有的水平。一旦我国水务市场上的水污染治理者得到合理的回报，治理水污染的资源就将得到合理配置，水污染治理问题就将得到有效的解决。

（三）水环境管理体系不健全

从淮河污染治理中可以看出，我国的水环境规划与管理体制相对落后，我们还没有一套成熟的体制来保障环境管理的有效运转。在水环境污染防治的机构及其权力设置上，《中华人民共和国水污染防治法》规定："防治水污染应当按流域或者按区域进行统一规划。国家确定的重要江河的流域水污染防治规划，由国务院环境保护部门会同计划主管部门、水利管理部门等有关部门和有关省、自治区、直辖市人民政府编制，报国务院批准。"

（四）水环境管理中公众参与的权力被架空

我国已初步建立起公众参与机制，但是我国的公众参与机制远未健全。

《中华人民共和国环境保护法》第6条规定："一切单位和个人都有保护环境的义务，并有权对污染和破坏环境的单位和个人进行检举和控告；环境影响报告书中，应当有该建设项目所在地单位和居民的意见。"环境信息公开是环境保护公众参与的前提条件，然而，现行的法律并未对扩大水污染信息发布作出规定。

公众参与环境保护空有高涨热情却缺乏切实有效的途径与方式进入环境保护的管理与决策，环境事务信息的不对称使公众的权利得不到应有的尊重。这正是淮河流域污染严重，但是老百姓只有干着急的原因。

综上所述，我国水环境污染治理机制失效的原因是多方面的，因此，这类问题的解决应该是系统化和多元化的，应该针对不同的社会条件采取因地制宜的制度安排，依靠制度创新来解决问题。在这个问题上，曾经历过"先污染，后治理"工业化道路的西方发达国家经过一系列改革后，都在水环境污染治理问题上取得了巨大成就，为此，我国应当借鉴发达国家在水污染治理方面的成功经验。

第三节　发达国家水环境污染治理的经验

发达国家对流域水污染进行了几十年的治理，在 20 世纪 70 年代末、80 年代初西方大部分国家的流域已无重污染，大约 80% 以上的流域已经达标；因此，我们与发达国家的差距是很大的，他们的水环境污染治理经验值得我们借鉴。

一、英国对水环境污染的治理

（一）英国泰晤士河水环境污染治理

横贯英国、蜿蜒流经伦敦的泰晤士河被称为英国的"母亲河"，在英国历史上具有举足轻重的地位。19 世纪之后，随着工业革命的兴起及两岸人口的激增，每天排放的大量工业废水和生活污水使泰晤士河变得污浊不堪，水质严重恶化。20 世纪 50 年代末，泰晤士河的污染进一步加重，美丽的泰晤士河变成了一条死河。20 世纪 60 年代初，英国政府痛下决心全面治理泰晤士河。英国政府颁布了相关法律，要求工业废水必须由企业自行处理，并在符合一定的标准后才能排进河里。没有能力处理废水的企业可将废水排入河水管理局的污水处理厂，但要交纳排污费。检查人员还会经常不定期地到工厂检查。那些废水排放不达标又不服从监督的工厂将被起诉，受到罚款甚至停业的处罚。为了解决大气中烟尘对泰晤士河的污染。有关部门制定了严格的工业废气排放标准，并限期达标，一些污染严重又不认真治理的工厂被关闭。伦敦地方当局还逐步禁止了居民烧煤或木柴。

有关当局还重建和延长了伦敦下水道，建设了数百座污水处理厂，形成了完整的城市污水处理系统。为了对河段进行统一管理，将泰晤士河流域划分成 10 个区域，合并了 200 多个管水单位，建立了新的水业管理局（实行私有化后成为泰晤士河业管理公司）。泰晤士河水业管理公司负责对整个流域的水资源进行管理与保护。公司的决策机构是董事会，董事会成员由两部分组成：

一部分是由环境、农业、渔业、粮食大臣各任命 2 ～ 4 名代表；另一部分是流域内的地方代表。其中，国家任命的代表数额不得超过地方代表的数额。这样，成立一个由国家和地方联合建立的组织对河流进行管理，尽可能公平地对水资源进行全流域的分配。从 20 世纪 60 年代至今，英国对泰晤士河水资源的分配管理和水的污染防治进行综合治理，经历了 3 个发展阶段。

1. 分散管理阶段

在 1963 年的《水资源法》颁布之前，通常从河流或含水层取水并不需要许可证，也不禁止在地上打井作为新的水源供给。尤其在河流被污染的情况下，无节制的开采地下水成为开辟水源的普遍做法。

2. 协调管理阶段

依法成立了河流管理局，在水资源协调概念指导下，实施了地表水和地下水取用的许可证制度。现在，每一份许可证只能在指定地区采用许可水量。

3. 综合管理阶段

以 1973 年新颁布的《水资源法》为起点，逐步形成了一体化流域管理的模式。大约 1 600 个独立的与水资源有关的机构联合划分为 10 个地区水资源管理机构，其职责是处理所有与水有关的事宜，包括供水、废水处理和河流整治，此外还承担取水许可证和污水排放协议调整的责任。

目前，英国已完成了整个流域的生态环境模拟模型的大规模考察，首次对水资源的可靠性，包括再利用做出了综合评估；在反复试验论证的基础上，确定了污水处理厂为了达到泰晤士河规定的水质标准而允许的排放标准，指定排放地点和排放量；并对适应河流稀释、径向扩散、自然再氧化过程等诸多方面提出了具体要求和措施。

经过20多年的艰苦整治，如今流经伦敦的泰晤士河已由一条死河、臭河变成了世界上最洁净的城市水道之一，已有115种鱼和350种无脊椎动物重新回到这里繁衍生息。泰晤士河终于又焕发了生机。泰晤士河畔有议会大厦、伦敦塔等众多历史名胜，英国在全面整治泰晤士河的同时，也特别注意保护和有序开发其旅游资源。乘船游河已成为伦敦主要的观光项目之一。风光优美的南岸还特辟了全长1.6公里的滨河小道，禁止汽车通行，专供民众散步健身。

近年来，政府还在泰晤士河畔兴建了"伦敦眼"观光大转轮、泰特现代艺术馆等标志性建筑，使泰晤士河变得愈加美丽。伦敦市民也越来越注意爱护泰晤士河，一些民间环保组织动员学校将课堂搬到泰晤士河的水面上。向学生讲述这条大河的奥秘和历史，加强人们自觉保护这条母亲河的意识。

（二）英国泰晤士河水环境污染治理的经验与启示

在水环境污染治理中，英国政府首先是颁布了《水资源法》对水资源进行合理定价，以避免水资源无节制的过度利用；同时，为了统一协调治理泰晤士河，又成立了泰晤士河水业管理公司，并授权其负责对全流域的水资源进行管理与保护。市场化的公开运作可以保证资源的合理配置，同时也能明确各方在污染治理方面的权利和义务。

英国政府环境事务管理的权力体系设置合理，其环境部下设水务局，水务局下面有西北水务公司和泰晤士河水务公司等10个分公司。水务公司统一管理各流域的给排水、河道、污染控制、渔业等问题。这些水务公司是对河流进行统一规划与管理的权力性机构，有权提出水污染控制政策法令、标准，有权控制污染排放，在经济上也有独立性。

英国的水环境管理体制在泰晤士河水污染治理的成功中发挥了重大作用。泰晤士河水污染治理模式是欧洲治理渔业水域的范例，泰晤士河的治理成功，关键并不是采用世界上最先进的工艺和技术，而是运用截流排污、生物氧化、曝气充氧及微生物活性污泥等常规措施；而且在管理上更进行了大胆的体制改革及科学管理方法，被国际上称为"水工业管理的一次大革命"，即将全流域200多个管水单位合并而建成一个新的水务管理局——泰晤士河水务管理局。统一管理水处理、水产养殖、灌溉、畜牧、航运、防洪等各种业务，并作明确分工、严格执行，这不仅使水资源按自然规律进行合理、有效保护和开发利用，杜绝用水浪费和破坏；而且还体现了社会职能，建立污水处理至养鱼、种植、灌溉、航运、防洪及水域生态监等综合开发，充分调动各部门的积极性。

二、美国对水环境污染的治理

（一）美国密西西比河水环境污染治理

密西西比河是美国第一大河，它与南美洲的亚马孙河、非洲的尼罗河和中国的长江一起并称为世界四大长河。密西西比河流入墨西哥湾的平均流量为 17.36 万立方米 / 秒。相当于全世界流入海洋的淡水量的 5%。密西西比河流域涉及 34 个州，即美国本土的 41%，总面积 320 万平方千米。

密西西比河的河流航运为美国经济发展作出了巨大贡献，但与此同时，工厂和农场排放的大量有毒下脚料不断排放到密西西比河中。据美国环保局发表的有毒物质排放名录报告（The U.S. Environmental Protection Agency Toxics Release Inventory Report）资料，目前河道两岸的美国工厂和农场倾倒在密西西比河和排放到河道上空大气中的甲醛（Formaldehyde）、氨（Ammonia）和三氯甲烷（Chloroform）等有毒固体物质（Toxic Materials）总量年均达到 180 万吨。平均每天大约有来自加拿大和美国的 43.6 万吨含有固体有毒物质的废水随着密西西比河水常年流入大海中。这些所谓养分丰富的废水造成墨西哥湾海水缺氧范围扩大，从而造成墨西哥湾内前所未有地出现一个从密西西比河口向大海绵延数百英里的死亡海域。凡是食用这一带海域有毒鱼虾等水产品的居民，癌症患者比率超群。目前，墨西哥湾中的死亡海域正在逐年扩大。墨西哥湾周边居民区的生存受到严重的威胁，很多靠在墨西哥湾捕鱼为生的渔民不得不改行当小贩混日子。据估计，如果要彻底治理，每年要耗费数百亿美元。密西西比河污染形势不容乐观。位于巴吞鲁日（Baton Rouge）和新奥尔良（New Orleans）之间的密西西比河流域 100 英里范围内有 138 家化工制造企业，被称为美国"癌症小街"（Cancer Alley），这一带周边地区的居民健康受到侵害。

美国在水污染治理、保护水体的水质方面取得了令人鼓舞的成绩。在 1948 年，仅有三分之一的美国人享受城市污水系统提供的服务，而且大部分系统未对污水做任何处理或者仅经过一级处理就排放，很多人依靠污水池系统来处理生活污水。从 1972 年开始，在水污染控制上美国以国家资助形式花费 1 800 多亿美元，而私人投资额可能是国家资助的 10 倍，用以建造和改善数千个城市污水处理厂。目前，几乎每个市民都能享受到城市污水系统提供的服务，除特大暴风雨降临期间造成的溢流外，已没有一个大城市向河流和湖泊直接排放未经处理的工业、农业和生活废水。由此，很多地方的水质明显改善，鱼类、水生昆虫等水生动物又出现在水中。曾一度被关闭的河流、湖泊和海滨再次向公众开放，准予游泳和其他水上运动。美国饮用水的质量也是相当高的，人们可以享受到当今世界上最为安全的饮用水供应。

（二）美国密西西比河水环境污染治理的经验与启示

美国在密西西比河水污染治理中取得的成绩不是偶然的，概括起来，主要有以下几点值得我国学习借鉴。

1. 完善而有效率的管理体系

美国水资源管理机构分为联邦政府、独立机构以及州地方政府三个层级。由于各层级和部门之间分工明确，美国的这套完善的管理体系有利于层级、各部门上下协调一致；另外，环境保护署作为独立机构可以有效监督州地方政府的环境管理行为，使其偏离联邦政府政策的行为得到及时纠正。

2. 相对完善的水污染政策法律

经历了一个多世纪的立法实践，从最早的 1899 年颁布的《垃圾管理法》，到 1948 年的明确处理常规水污染的第一个联邦法律《水污染控制法》，再到 1996 年的《安全饮用水法修正案》，美国联邦政府制定了一套完善的水污染治理公共政策。这一系列政策的特点是手段多样、运用灵活，主要有以下几点。

（1）可交易许可证。美国水污染治理政策近年明显的变化是基于市场的政策工具和方法的应用。现在，除执行 1972 年《联邦水污染控制法修正案》规定的国家污染物排放消除系统，即对工商业、农业、市政污水处理厂、集中动物饲养操作、联合下水道流溢和暴雨径流等任何从这些点源或者非点源向美国可通航水域的排污行为颁发许可证以外，从排污权的概念又发展出可交易许可证的政策。

（2）清洁水州周转型基金。清洁水州周转型基金近年来每年都提供大约 40 亿美元用于资助传统的废水处理、水域保护和恢复、非点源污染控制和自然保护区管理等各类水质工程。清洁水州周转型基金的循环性质给其提供持续不断的资金来源，被认为是美国历史上最成功的联邦水质量资助项目。所有州都成功地运行并为一系列的借款者（包括各种规模的社区、农民、业主、小企业和非营利组织）提供资助。安全饮用水州周转型基金旨在帮助州和地方改善它们饮用水供水系统的基础设施，因为全国的供水系统需要大量的投资用于升级换代，以便能够继续保证为消费者提供安全的饮用水，防止老化的基础设施系统受到来自污染物的威胁。同时，安全饮用水州周转型基金还为诸如水源评估项目等水源保护和加强水系统管理的多样活动提供资助。

（3）民营化。为满足州和地方层次在水污染治理方面的资金需求，美国又开发出其他的方法，其中之一是民营化，即利用私人部门的资源为废水处理需求提供资金。不管是提供基础的废水处理供应品，还是废水处理系统的维护，私人部门已经在控制全国水污染的努力中扮演一个非常重要的角色。公共部门和私营部门在水资源和废水处理工业方面展开的合作，从提供基础服务和供应到污水处理厂的设计、建造和运营。民营化在水污染治理中的应用是因为公共部门认识到由此可以使用私人资本，在建设和运营污水处理厂上节约成本、获取效率并提升水质和废水处理服务的质量。尽管多数污水处理厂是公有公营，但是也有很多私营市政污水处理厂的成功范例。

3.自愿参与、协商合作

美国根据《清洁水法》建立水质合作协议机制，各利益集团、政府职能部门和个人均自愿参与到水质保护中来，在相互签订契约或者其他形式的自愿协商理事会基础上采取措施、自我规范。在此种"自下而上"的运作体系中，涉及自身利益的各团体和个人均根据自身条件积极、主动地寻找最经济的措施来承担协议规定的责任和义务，实现水质目标。政府虽然通过拨款来激励合作协议机制的形成，但在机制下的机构、团体和个人却不必接受来自政府的命令。

4. 联邦政府扮演的角色越来越重要

1948 年以前，联邦政府在水污染控制政策中没有起过特别重要的作用，而由州政府扮演中心角色。20 世纪 30 ~ 40 年代，议会就联邦政府是否应该在污水处理问题上承担一定的责任问题进行讨论，最终允许联邦政府可以对污染者采取行动，前提是它需要得到污染源所在州的同意，事实上进一步肯定州政府在污水控制管理上的地位，在控制水污染时优先保护各州的利益。后来，联邦政府为限制水污染，对各州干涉增多。到 1972 年，联邦政府就已经承担确立污染物控制目标的责任，并且承担贯彻和实施水污染治理的责任主要有以下方面。

（1）财政资助。目前除清洁水州周转型基金和安全饮用水州周转型基金以外，联邦对州地方还有很多的财政资助，联邦的资助是州和地方用于水污染治理方面的资金非常重要的来源。

（2）控制监督。州政府在水污染治理中的很多活动都要受到环保署的制约。在州优先或者地区优先的观念下，国会允许各州制定和实施切实可行的政策。但是如果州政府没能完成任务，环保署有权废除州优先或者地区优先的原则，以采取必要的行动。

（3）加强合作。联邦政府与州和地方政府在水污染治理方面也展开合作，比如在非点污染源的控制上，联邦政府和州政府就联合在一起形成新的环保署和州政府非点污染源伙伴关系。此种伙伴关系提供一个相当好的框架来为环保署和州政府合作工作去界定和解决非点源问题。环保署和州政府为此建立八个工作组，从这些工作组得来的信息和成果可以帮助州政府更有效地执行它们的非点源管理项目。

（4）重视公众参与。公众的声音可以左右塑造未来环境的美国公共政策，政府用一系列可行的方法鼓励和支持公众参与，保证公众有机会理解官方的项目和计划行动，同时政府部门也充分地考虑并尽可能回应公众的需求。未经征询利益团体或者利益相关人的过程，政府部门是不能够作出有关任何一项行动的重大决定的。在联邦层次上，环保署将计划制定的法规列在联邦登记案上，公众可以对草案进行考虑，并把评论意见通过常规邮件、电子邮件或者传真等方式传达给环保署。环保署权衡公众的评论意见，并据此对草案作出修改，发布最终的法规。

第四节　完善水环境污染治理机制的措施

我国水环境污染治理失效的原因是多方面的，这个问题的解决是一个复杂的系统工程。世界各国的水环境污染治理经验都表明，水环境污染治理需要依赖于一套围绕水资源配置的行之有效的管理体制，这套体制有四个重要的组成部分：一是水资源产权制度，二是水资源市场机制，三是围绕水资源市场的政府规制体系，四是在水环境管理中的公众参与。这四个组成部分有其内在的层次联系，其中，水资源产权制度是水资源市场机制得以建立的前提，水资源市场机制的健康运行需要政府的规制体系的有力支撑，而政府的规制体系则应该有公众的参与。

因此，我国首先应当以法律的形式逐步明晰水资源产权，促进水资源市场的发展和成熟；其次，我国应当理顺水资源体系，转换政府角色，逐步完善水资源管理体制。

一、完善水资源产权制度

世界各国的水资源配置和水环境污染治理的经验都表明，如果水资源产权界定不清晰，水资源配置的效率要更多地依靠市场手段。水资源产权的清晰界定是水资源市场存在的前提。在水资源产权的界定上，本书认为我们有必要在我国水资源管理制度中引入产权制度创新。在借鉴前人研究成果的基础上，本书认为，李雪松提出的水资源产权安排值得借鉴：在初始水资源产权的安排上，坚持国家的水资源所有权；水资源所有权和使用权相对分离，使权利进一步明晰；水资源经营权是所有权和使用权之间的"桥梁"，水资源经营权应当与所有权和使用权分离，而以市场化的方式配置，同时政府加以必要监管；地下水、地上水、清水、污水的水权应统一分配，不能只管清水不管污水；市场、行政配置手段相结合，促进效率和公平。在水资源产权的二次分配问题上，应当打破我国现行法律制度中的水权严禁转让的原则，使水权的流转得以实现，从而使水资源得以市场调节，解决水资源地域之间、流域区段之间分布不均的矛盾，合理配置水资源。与水权的所有、使用、经营三种基本权利相对应，水权又衍生出对水权进行管理的权力，即水资源的配置权、水经营的特许权和水管理的监督权。并将各项权力做如下的安排。

（1）对于自然状态的水资源，规定自然水资源为全民所有，赋予政府水资源配置权、水经营特许权和水管理的监督权，也赋予公众适当的水管理的监督权。这能运用国家权威来有力地保证在水资源初始分配中的公平性和持续性，也可以将水管理置于公众的监督之下。同时，我们应当打破初始水权禁止转让的制度安排，逐步放开初始水权的二次配置，逐步建立起水权交易市场，依靠市场的力量来调节水资源的供给和需求。另外，水资源勘察、规划、水资源调配协调等应当划为公共服务职能并划归政府承担。

（2）在水资源经营环节，无论是原水利用处理还是污水处理、利用，都应当只允许有水资源开发利用、处理资质的经营企业从政府手中取得水资源经营权。在清洁水制备环节，允许多个自来水处理企业在市场上出现，政府制定统一的自来水处理标准，鼓励自来水处理企业采用先进自来水处理技术设备。尤其在污水处理排放环节，政府应当建立生活污水集中处理的制度，将生活污水纳入统一的污水管网，规定产生工业污水企业自行处理其工业污水并达标排放。同时，政府应当鼓励有污水处理资质的企业和污水处理技术、设备供应商进入污水处理环节，建立起污水处理市场，使越来越多的先进污水处理技术在污水处理市场中得到应用和发展。污水处理市场的建立给排污企业寻求先进污水处理技术提供了更大的余地，当市场上某种污水处理技术的处理成本低于企业违法排污成本和企业自行处理的成本时，企业将趋向于在市场上购买这种技术来满足自身需求。如此，则可在污水处理环节引入市场竞争机制，形成污水处理的市场价格，为政府监管工业企业污水非达标排放提供处罚依据。

（3）在水资源的使用权分配上，政府应参与到清洁水供水管网的投资建设中，依靠政府财政投入或市场资本的介入来完成投资建设，依靠政府权威来保证清洁水供应管网的公平、全面覆盖，使用水单位和个体都有条件获得清洁水的使用权。同时，特许授权有清洁水供应经营资质的企业经营清洁水供应管网，逐步放开清洁水价格管制。参照"电价竞价上网"的模式，在自来水处理企业中引入市场竞争机制；在清洁水供应管网的入户环节，逐步完善终端用水价格的制定，实行阶梯水价，合理调控清洁水的需求和供给。

总之，水资源属于公共物品，是一种特殊的资源，具有明显的公益性、基础性、垄断性和外部经济性。对流域与区域水资源的统一规划、统一调度、统一管理是政府的重要职责，政府必须牢牢控制水资源的分配权、调度权、资产处置权和收益权。政府应当明晰水权，把水资源总量控制和定额管理制度落到实处，通过水市场上水权的有偿转让，解决城市化与工业化进程中对水资源的需求问题。水行政主管部门进行水权初始配置，同时，建立水市场也是实现水资源有效配置必须采用的有效手段。

二、建立统一的水务市场

随着我国市场经济体制改革的逐步推进，公共物品的供给也开始逐步市场化。人们已经意识到，水资源有自身的价值和价格，要使水资源能够得到可持续利用，就应当把水资源作为水资源产业的产品进行开发、管理。城市水务属于区域性自然垄断行业，包括区域内供水管网和排水管网在内的供排水一体化运营，可以降低交易成本，实现规模经济和范围经济。为打破原有的水务产业链条断裂的格局，实现水务投资、建设和运营一体化，可以在前期设计建设时，充分考虑后期运营管理对水务系统的需求、控制成本、提高投资效率和运行效率。同时，城乡之间、上下游城市之间，在水务方面互相影响。由一个市场化运营的大型水务集团提供流域一体化的水务服务，可以将取水、排污等产生的负外部性和节水、治污等产生的正外部性内部化，从而提高流域内大中城市的污水处理水平，有效治理流域水体污染，而且还可以更加合理地配置流域内的水资源量。

只有建立了完整的水务产业链，水资源市场的价格机制才能形成，水资源才能从源头上得到合理配置，从而避免水资源过度开发而导致水体环境容量和自我净化能力的退化、丧失。另外，污水处理市场的建立将对工业水污染的控制产生积极影响。一方面，越来越多的先进污水处理技术将在污水处理市场中得到应用和发展；另一方面，污水处理市场的建立给排污企业寻求先进污水处理技术提供了更大的余地，当市场上污水的处理成本低于企业违法排污成本和企业自行处理的成本时，企业将趋向于在市场上购买这种技术来满足自身需求。

原有水务市场的"取水、排水、中水回用、污水治理"各环节的相对分割，导致了水务市场运行的低效率，我国水务市场的改革应当着眼于打破目前这种格局，在水务市场各环节中适当考虑引入市场机制，依靠市场力量来实现水资源的末端配置。政府作为公共利益的代表者，应该承担起建设、运行、维护以及更新、改造的责任，主要目标是建立稳定的投资来源和可持续的运营模式，逐步建立起政府投资、企业化运行的新路。对于城市供水等经营性项目，资金来源应该市场化，主要应通过非财政渠道筹集，走市场化开发、社会化投资、企业化管理、产业化发展的道路。污水处理由于不以赢利为目的，且受制于污水处理费偏低，产业化程度不高；但随着污水处理费征收范围的扩大和标准的提高，也要解决多元化投入和产业化发展问题，起码要建立国家投入、依靠污水处理收费可持续运行的机制。

三、建立完善的流域水管理体制

流域水与环境之间具有相对独立性，因此水环境污染治理应当以流域为单位，加大流域水环境治理力度，保障流域治理规划目标的实现。发达国家水环境污染治理的成功经验表明，水环境污染的治理应该以流域为主体，建立适合流域治理的管理体制。

一方面，在建立强有力的流域管理机构并由地方政府具体实施的同时，由中央政府在流域、尤其是跨行政区域流域设立管理机构，加强中央政府的宏观管理。如法国在塞纳河流域设立了水管局，直接隶属国家环境部管理，经费由国家财政支持，主要职责是代表国家环境部进行监管和协调；加拿大为治理圣劳伦斯河跨省界流域污染问题，由国家环境部设立了圣劳伦斯河管理中心，进行直接监管。

另一方面是建立有效的协调机制，加强政府各部门、各地方政府间的协作。如塞纳河流域的治理，建立了部际水资源管理委员会，由环境部、农业部、交通部、卫生部等有关部门组成，主要职责是制定流域综合治理政策和协调部门之间、地方政府之间的协作；圣劳伦斯河流域的治理，建立了由环境部牵头负责，农业部、经济发展部、海洋渔业部、交通部等多部门参加，企业、社区共同参与的工作机制，形成了统一规划、分部门实施、执法部门负责监督检查的管理体系；莱茵河属于跨国界流域，为协作治理，瑞士、法国、卢森堡、德国和荷兰在巴塞尔成立了莱茵河防治污染委员会，商议对策，互通信息，协调流域治理的各国行动。

政府在建立了完善的流域水管理体制后，各管理部门的职责将变得明确，这将有利于各部门的协调，也有利于水资源产权的界定。

四、充分利用经济规制手段

我国从 1978 年实行改革开放以来，正在逐步确立市场经济体制在资源配置中的主导地位。市场经济体制被认为是资源配置的最有效手段，不仅仅是因为它赋予了经济主体以自主决策的权利，更重要的是它可以通过价格信号这只"看不见的手"引导人们去实现资源的合理配置，尽管这一切都是以市场各方面信息的充分获取为前提。对于工业水污染的治理，市场手段的积极作用还在于，它可以使政府在治理上花费的成本大大减少，因为有效的市场机制只要求政府做必要的监督工作、维持公平的竞争环境。

按照姚志勇等的划分，目前学界提倡的污染治理经济手段主要有以下几种。

1. 价格配给制：收费和补贴

与之对应的政策工具有：①排污税：对于向空气、水和土壤排污染以及产生噪音的行为所进行的收费，其设计思路是让污染者至少为他们对环境造成的污染负担一部分成本，通过这样的方式来减少污染或改善污染物的质量；②环境浓度税：最早由塞格松（Segerson）（1988）提出，如果生产者的排污量超过了总体环境浓度，那么它就要受到惩罚；反之如果生产者的排污量低于总体环境浓度，那么它可以得到奖励；③产品税：通过提高污染性材料和产品的成本方式，激励生产者和消费者用环保产品和材料来替代非环保产品和材料；④补贴：补贴是监管者给予生产者的某种形式的财务支持，可以用来作为一种激励来刺激生产者进行污染控制，通常采用的形式是拨款、贷款和税金减免。

2.责任制：罚款、押金退还制度和债券

与之对应的政策工具有：

（1）罚款：如果总体环境浓度超过了标准，监管者就会随机地选择至少一个生产者来罚款，再把收取的罚金减去社会损害之后的一部分返还给其他生产者；如果设计得好，这个机制将促使达到理想的污染控制水平，同时又不必监督生产者的行为。

（2）押金退还制度：潜在污染性产品的购买者要预先支付一笔额外的费用，当他们把污染性产品或其他包装物送回到回收中心再利用或处理的时候，再把这笔额外的费用退还给他们。

（3）绩效债券：生产者在生产开始之前预先缴纳一笔债券基金，如果它的行为导致了环境污染或者它的污染超过了标准，那么它的这笔债券基金就会被没收，这提高了逃避污染控制的成本。

3. 数量配给：可交易污染许可证

可交易污染许可证的方案会在一个地区事先确定排污或排污浓度的总体水平，污染许可证的发放量等于这个总体水平，污染许可证可以在生产者之间相互买卖交易。那些把污染水平控制在许可范围以下的生产者就可以出售他们多余的污染许可证，也可以用多余的许可证来弥补他们工厂的其他部分的污染。

需要注意的是，上述所有的市场手段是否能产生预想的效果还依赖于相应的评估标准、检测技术、法律制度和政治环境，因此经济手段的运用还需要因地制宜。

五、建立公众参与环境事务的机制

环境保护是政府的职责所在，但根本目的是为了公众福利的实现，同时在民主制度的大背景下，环境民主的需要是其他民主形式和内容实现的前提和基础。尤其对于环境污染问题而言，20世纪60年代以来，工业文明日趋发达、社会高度工业化、物质时代消费文化甚嚣尘上，环境问题以前所未有的破坏力大量涌现，全球化环境问题和生态危机引起世人的警觉，人们迅速接受了环境保护的观念，并积极寻求应对之策。环境保护从一开始就是公众的需要与呼吁。民主必须有法律与制度的保障，在环境保护领域亦是如此，只有建立了健全的公众参与制度，才能实现环境决策的民主化，才能最终体现广大民众的环境利益诉求。

具体说来，环境领域的公众参与具有以下的必要性和重要意义。

（1）环境资源是公众共同拥有的，因此与环境最密切相关的利益群体对环境资源包括管理在内的相关事务享有发言权。

（2）公众参与环境保护是组成公众的个体公民维护自身权益的需要，是公民环境权的具体实现方式。自然环境是人类赖以生存和发展的基本条件，每个人都有与生俱来的、不可剥夺的享用环境的权利；而对于环境的使用又具有极大的外部性特征，因此公众参与是最终维护自己权利和利益必不可少的环节。

（3）公众参与可以克服人类自身认知水平的局限所在，如上文所述的政府决策主体会存在着一些信息偏差与认识缺陷。个体的理性并不意味着群体的理性，在公共资源的配置中，个体出于自身利益最大化的考虑，往往导致公共资源的过度利用。广大公众由于熟知自身生存的自然环境而最有发言权，同时人类整体智慧可以克服个体非理性。

（4）公众参与可以弥补国家行政的缺陷，政府作为社会公共利益的代表，承担了进行环境保护的职责；但与我们的预期不尽契合的是，政府及其公务员本身具有"经济人"特性，并且不是全知全能的，而是存在着诸多理性不及的领域与范畴的，在此前提下作出的决策在对现实问题的解决中必然存在着偏颇甚至是酿成严重后果。在流域的自然系统与政府行政区域控制系统不一致的情况下，部门利益、地方利益的本身的诉求都可能会偏离权力设定本身的终极追求，也会出现权力寻租现象，因此公众参与可以成为对权力与行政行为的一种监督与制约手段，缓解行政与社会利益的紧张。

1998 年 6 月 25 日，欧洲委员会通过的《公众在环境事务中获得信息、参与决策、诉诸司法权利的奥胡斯公约》一般原则中就有具体的表述，即"国家推进环境教育，提高公众的环境觉悟，特别是在如何实现环境知情权、参与决策权、诉诸司法权方面的觉悟"。

本书认为具体可以从以下几个方面去逐步完善公众参与机制：第一，从公众参与的物质条件准备上看，政府公开环境保护的信息资料，便于公众了解情况，给公众参与提供机会；第二，从法律完善方面入手，现行《环保法》和有关环保单行法规中尚缺乏有关实施环境行政管理的程序性规定，而其中有关公众参与决策的内容更是有待于进一步完善和补充；第三，法院对公众参与的鼓励，可以吸收美国、日本等国家经验，法院应积极介入对环保案件的处理，运用判例形成新的法律原则，引导民众参与环境管理，以弥补成文法之不足；第四，有效合理地进行组织，提高公众参与的效率；第五，本土资源的利用，中国公众参与的制度不完善与民众心理有很大关系，可以采取依托《宪法》所赋予的公民的"结社权"，倡导公众为了共同的环境利益联合起来；而政府则应该对《社会团体登记管理条例》等一系列有关社会团体的法规作出适当修改，适度放宽限制，促进民间环保社团的成立，以使整个社会的权力构架发生变化，起到制约企业排污行为的作用。

第九章

河道生态治理常用技术要点及养护要求

第一节　城市河道生态治理常用技术

　　城市河道生态治理常用技术主要有三类：物理方法，如人工曝气、疏挖底泥、配水等，但存在暂时性、不稳定性及治标不治本等缺点；化学方法，通过投加化学药剂等去除水体中污染物，但化学药剂易造成二次污染，且治理费用较高；生态方法，通过强化自然界的自净能力治理和修复被污染水体。

　　生态治理基于生态原理，是采用生态工程开展水域（包括水体、岸坡、河床）生态修复的一种可持续的治理方式。生态治理技术主要是通过创造适宜多种生物繁衍生息的环境，重建并恢复水生态系统，恢复水体生物多样性；并充分利用生态系统的循环再生、自我修复等特点，实现水生态系统的良性循环。常用的河道生态治理单项技术主要有以下几种。

　　一、生态护岸

　　生态护岸技术主要包括河槽修复和生态型护岸建设两方面。

　　河槽修复是指对渠道化、硬质化的河槽进行自然化修复，恢复河槽的自然地貌形态和自然断面形态，大多采用如抛石、丁字坝、粗柴沉床等技术。

生态型护岸的类型主要有植被型护岸、石材型护岸（堆石、抛石、框架和石笼）、木材型护岸（沉梢、木栅栏）、纤维型护岸（天然植物纤维垫、人造织物纤维垫）、土工格栅护岸、土壤固化剂护岸、生态混凝土护岸等。

二、曝气增氧

缺氧是污染水体较普遍的特征，黑臭型水体尤其如此。恢复水体耗氧/复氧平衡、提高水体溶解氧含量是水环境治理与水生态恢复的首要目标。

水体增氧有多种方法，如植物光合作用增氧、水力增氧、投加化学药剂增氧和机械曝气增氧等。其中，机械曝气能快速提高水体溶解氧、氧化水体污染物，还兼具造流、景观、底泥修复和抑藻作用，是水体增氧的主要方法。河道生态治理常用曝气增氧形式主要有射流式、造流式、叶轮式及转刷式等。

三、生物膜技术

生物膜是指微生物（包括细菌、放线菌、真菌及微型藻类和微型动物）附着在固体表面生长后形成的黏泥状薄膜。生物膜技术为水体有益微生物生长提供附着载体，提高生物量，使其不易在水中流失，保持其世代连续性；载体表面形成的生物膜，以污水中的有机物为食料加以吸收、同化，因此对水体中污染物具有较强的净化作用。可作为生物膜载体的材料很多，其中人工水草（各类生物填料、生态基的统称）具有高比表面积、水草型设计、独特编制技术、表面附着性强和耐磨损等特点，在国内外河流、湖泊生态修复中应用广泛。

四、水生动植物修复

水生动植物是构成河流生态系统的基本元素。水生植物对水体内外源污染物质具有吸收净化作用；同时其光合作用产生氧气，通过茎、根输送并释放到水体中，在根毛周围可以形成一个好氧区域，增加水体溶解氧，为微生物等供给降解污染物所需的氧量，具有净化水质、消减风浪、美化水面景观、提供水生生物栖息空间等多种功能。

水生动物的主要功能是平衡水生生态系统，提高系统的稳定性，对于溶解氧含量较高、相对封闭的景观河道特别适用。水生动物包括浮游动物、水生脊椎动物和底栖动物，它们以水体中的游离细菌、浮游藻类、有机碎屑等为食，可以有效减少水体中的悬浮物，提高水体的透明度。

五、生态浮岛

生态浮岛是遵循生态学原理，采用环境友好型材料在水体中搭建水生植物种植和生长的平台，具有水质净化、创造生物（鸟类、鱼类）的生息空间、改善景观和消浪保护驳坎等作用。水生植物既可以通过根系吸收和降解水体中的有机物、氮、磷等，也可以在进行光合作用时吸收 CO_2 释放 O_2，还能营造水面景观。

六、生态治理技术应用情况

为了营造"水清、岸绿、流畅、景美、宜居、繁荣"的城市河道景观，积极开展城市河道生态修复技术与应用研究，探索和引进实用、适用的河道生态修复技术和方法，采用截污、配水、疏浚、生态修复和长效管理等综合措施，运用曝气增氧、生物膜、水生动植物修复、生态浮岛等技术，截至 2011 年年底，共开展了 26 条河道的生态修复试点示范工程项目，覆盖水域面积达 28.3 万 m^2；其中，后横港、赵家浜、十号港、长浜河、古荡湾河、新塘河（钱江新城段）等六条河道水质改善效果明显，河道景观环境得到了大幅提升。

1.拱墅区后横港采用"食藻虫 + 沉水植物"组合工艺，项目实施 2 个月后，水体透明度达到 1.5m 以上，氨氮从 1.27mg/L 下降到 0.5mg/L，总磷从 0.17mg/L 下降到 0.07mg/L，总体水质达到Ⅳ类标准。

2.拱墅区赵家浜采用"碳黑 + 生态潜坝 + 沉水植物"组合工艺，项目实施 2 个月后，河道黑臭现象消除，化学需氧量下降幅度为 36%，总磷下降幅度为 15%，透明度提高 25cm。部分水质指标达到Ⅴ类标准。

3.江干区十号港采用"射流曝气 + 喷泉曝气 + 生态基 + 生态浮岛"组合工艺，项目实施 2 个月后，河道黑臭现象消除，总体水质达到Ⅴ类标准。

4.下城区长浜河采用"生态基 + 生态浮岛"组合工艺，项目实施 1 个月后，河道黑臭现象消除，总体水质达到Ⅴ类标准。

5.西湖区古荡湾河采用"截污 + 射流曝气 + 生态基 + 生态浮岛"组合工艺，施工完毕即消除河道黑臭现象，溶解氧从 0.5mg/L 提高到 5.0mg/L，氨氮从 4.68mg/L 下降至 2.22mg/L，高锰酸盐指数从 5.27mg/L 下降至 4.22mg/L，总体水质达到 V 类标准。

6. 新塘河（钱江新城段）采用"沉水植物＋生态浮岛"组合工艺，项目实施后，主要水质指标下降幅度约 27%，总体水质达到Ⅳ类标准。

第二节　城市河道生态治理主要产品及适用条件

一、曝气增氧机

增氧机也常称为曝气机，目前比较通用的曝气方法包括鼓风曝气、机械曝气以及鼓风机械联合曝气法。

鼓风曝气是将空压机送出的压缩空气通过一系列的管道系统送到安装在曝气池底部的空气扩散装置，空气以微小气泡的形式逸出，使水体处于混合、搅拌状态。鼓风曝气由于噪声较大，且需安装空气扩散装置，因此一般不用于河道治理。

机械曝气则是利用安装在水面上、下的叶轮高速转动，剧烈搅拌水面，产生水跃，使空气中的氧转移到混合液中，并促进水体上下层的循环。

适合河道治理的曝气形式主要有推流式、射流式和喷水式曝气三种,主要设备有推流式增氧机、射流式增氧机、喷水式增氧机、叶轮式增氧机、水车式增氧机、超微气泡增氧机和太阳能增氧机等七种。

（一）推流式增氧机

推流式增氧机由潜水泵、浮体、水射器、喷嘴、导流筒和定位支架组成,动力效率可达 $2.0kgO_2/kW \cdot h$,兼具推流和造流的功能。其作用原理是：由水泵打出的加压水进入水射器并从喷嘴喷出,利用高速水流形成的这一动能在射流器的喉部产生负压,造成吸入室内的真空状态；空气在压力差的作用下从水面上经吸气管自动吸入射流器,在射流器的喉部与水流形成气水混合物并经过剧烈地混合搅动,空气被粉碎成极微小的气泡,成为雾状的汽水乳浊液；经过射流器的扩散段时由速头转变成压头,微细气泡进一步被压缩,增大了空气在水中的溶解度,形成溶气水；最后溶气水从射流器扩散口喷出,在水池中产生强烈的涡流搅拌作用,大量的氧气随细微气泡溶解至水中,从而完成了氧的全部转移过程。推流式增氧机对下层水的增氧能力比叶轮式增氧机强,对上层水的增氧能力稍逊于叶轮式增氧机,适于 1.0m 以上水体的增氧。

1.NOZZLE 型推流式增氧机

NOZZLE 型推流式增氧机,强大的推动力可使水体短期内溶解氧迅速增加,形成富氧活水流,同时改善微生态环境,强化水体自净能力,使水质短期内得到明显改善。该型增氧机设置了导流室和混合室，空气中氧的转化率可达 30% 以上。

2.EOLO 型推流式增氧机

EOLO 型推流式增氧机每分钟可使 $5m^3$ 水体溶氧达到饱和状态，同时开机后的强大动力可将氧气送至 35m 左右，增氧范围大，且氧气分布较均匀，其增氧能力是传统水车式增氧机的 3 ~ 4 倍。该型增氧机结构紧凑、重量轻、易安装、易操作。

3.SF-DF 型推流式增氧机

SF-DF 型推流式增氧机采用了独特的圆形螺旋桨，在推流的同时产生强大负压吸入空气以达到气液混合，最大程度提高氧在水中的转移效率，达到推流、曝气、搅拌为一体的效果。采用浮筒与主机捆绑式设计，放入水中固定好便可使用，并可通过浮筒上的四个注水口，利用注水方式，自由调节曝气机潜水深度及曝气头的向上或向下角度。为提高增氧机的耐腐蚀能力，整机采用了不锈钢材质。

（二）射流式增氧机

射流式增氧机由水泵、导流管、喷水嘴、吸气室和混溶管组成，其工作原理是：利用电动机带动桨叶在水下高速旋转形成液体流并产生负压，在负压的作用下将空气吸入水中，再由桨叶形成水流将空气切碎成细微、均匀的气泡，提高空气和水的接触面积，使空气中的氧气能充分溶解到水中。这种类型的增氧机具有结构简单、零件少、易实现大批量生产，无减速箱，安装使用方便、使用寿命长、工作噪声小、引起的水流紊流程度小等优点。适用于 2.0m 以上下层水体增氧，能形成水流，搅拌水体；动力效率可达 1.8—2.0kgO$_2$/kW·h，一般与水车式增氧机配合使用效果更佳。

1.HLP 型射流式增氧机

HLP 型射流式增氧机使泥水与空气在射流器内产生较高的负压和强烈的紊动、搅拌、剪切，促使液膜与气膜高频振荡，使气泡直径大幅度减小，气泡数目增多，增大气泡的表面积；同时也使气液膜变薄，极大地降低了传质阻力，使氧分子更好地从气相转移到液相。

在散流器内叶轮高速旋转的作用下，射流在高速前进过程中，具有较高的角速度；因而射流具有较强的穿透力，使微小气泡在水中行程远，增强搅拌、推流与增氧能力。氧转移效率达 30%，比传统的鼓风曝气提高 35%。

2.SL（D）型射流式增氧机

SL（D）型射流式增氧机可以通过调节射流角度以适应不同水深的河道。最大功率可达 22kW，适合于较深水位（2m 以上）河道的下层水增氧。该型增氧机重量轻、体积小、低噪声、易安装，操作简单，整体采用工程塑料和不锈钢材料，能抗酸碱、日晒及防海、咸水的腐蚀。

3.QSB 型射流式增氧机

QSB 型射流式增氧机由潜水电泵与喷射器组成，使水体搅动与充氧同时进行，既可获得较高的氧气吸收率，又具有叶轮无堵塞的优点；强有力的单向液流，造成有效的对流循环，且电机负荷随水位的变化减小，安装简单；泵采用润滑轴承，保证长期可靠运行。

（三）喷水式增氧机

喷水式增氧机由水泵、浮体和喷头组成，水泵将水提升喷洒到空中形成细小的水滴，水滴携带氧气返回水中，提高水体溶解氧，动力效率可达 1.52kgO$_2$/kW·h，适用于表层水体增氧；由于具有造景的功能，因此在景观河道中广泛应用。

1.FANS 型喷水式增氧机

FANS 型喷水式增氧机由塑胶浮筒、不锈钢网罩及托盘、增氧喷头、连接管道管件、接线盒以及不锈钢连接件等部件组成。体积小、重量轻、易安装，适应范围广，不受湖面水位波动的影响，且固定简单，即装即用，可根据现场情况随机调整位置；各种喷射水花可根据现场环境灵活选配。

2.AIR STREAM 型喷水式增氧机

AIR STREAM 型喷水式增氧机增氧速度较快，重量轻、体积小、易安装，选用防腐材料，咸水、淡水均适用，高性能、低损耗，具有节能低耗的优点。

3.SF-PQ 型喷水式增氧机

SF-PQ 型喷水式增氧机浮筒下部设计一只伸缩管，可根据不同水深来调节伸缩管，以达到水体上、下交换的目的，对解决水底氨氮及有害气体具有独特效果。

（四）叶轮式增氧机

叶轮式增氧机由电机、减速器、支撑架、叶轮和浮筒五部分组成，其作用原理是叶轮将其下部的贫氧水吸起来，再向四周推送出去，使死水变成活水。叶轮下面的水受到叶片和管子的强烈搅拌，在水面激起水跃和浪花，形成能裹入空气的水幕；不仅扩大了气液界面的表面积，而且气液间的双膜变薄，并不断更新，促进了空气中氧气的溶解，具有搅水、增氧、混合、曝气的作用，动力效率为 $1.5kgO_2/kW \cdot h$，适用于水深为 $1m \sim 1.5m$ 以上的河道。

FST-YL 型叶轮式增氧机增氧能力达 $1.5kgO_2/h$，为防止叶轮腐蚀采用不锈钢材质。

（五）水车式增氧机

水车式增氧机由塑料浮船、不锈钢转轴和支架三部分组成，具有良好的增氧及促进水体流动的效果，适用于 $1.0m \sim 1.5m$ 且淤泥较深的河道，动力效率为 $1.43—1.71kgO_2/kW \cdot h$。

1.SF-H 型水车式增氧机

SF-H 型水车式增氧机整机金属部分采用不锈钢制造，不会因锈蚀而污染水体，轴承采用尼龙轴承，不需再加机油；与传统同等动力的增氧机比较，重量和体积均为其三分之一；同时电机无需另配散热风扇，可利用其自身工作时抛起的水花散热。

2.SC 型水车式增氧机

SC 型水车式增氧机为塑料浮船，配备尼龙叶轮，不锈钢转轴和支架；采用弧形伞齿轮替代涡轮涡杆，节能高效，比传统机型节电 20% 以上；弧形伞齿轮采用铬锰钛合金制作，表面碳氮共渗，硬度高，使用寿命长；电机内装保护器，避免电机意外烧坏。

（六）超微气泡增氧机

超微气泡增氧机由水泵、回旋加速器、气体加压切割器和射流器以及全自动加压控制系统组成。水经过加压后在回旋加速器内呈旋转状态，吸入的气体在扰动非常剧烈的情况下，与水在回旋加速器内混合、溶解。然后进入气体加压切割器，对溶解的气体进行进一步的加压切割。最后，气液混合物以较高的螺旋速度由射流器射流排出，形成微纳米气泡。由于气泡的粒径较小，单位体积溶液中气泡的数量和比表面积大，从而大大提高了气体的传质效率。微纳米气泡在水中稳定性强，在水中上升时，逐步缩小，最后消减、湮灭、溶入水中，提高了气体在水中的溶解度和反应速度。

1.CMB 型超微气泡增氧机

CMB 型超微气泡增氧机能使气、水在 0.04 s 内瞬间混合，且混合均匀；气泡直径为 200nm ～ 4μm。

2. 低噪音节能微孔曝气底部增氧成套设备

微孔曝气底部增氧技术，是采用低噪音节能风机产生的气流，通过链接的主、支管道，到达位于水体底部的微孔曝气管或微孔曝气圆盘，产生雾化气泡流，随着微型气泡的上升，逐步释放氧气到水体中，从而达到水体增氧的目的。该成套设备由高性能低噪音节能风机、微孔增氧管和连接管件组成，具有增氧面积均匀、增氧层次均衡、机械耗能较少、改善水底环境效果明显等优点。

（七）太阳能增氧机

太阳能增氧机由太阳能电池、蓄电池、增氧机、增氧管等部件组成，以太阳能为动力，驱动空气压缩机把新鲜的空气压入水中，再通过铺设在水体内部的曝气管路上的小孔渗出，为水体内部均匀地供氧，达到抑制水中的有害藻类过量繁殖、破坏水华产生、保持土著菌的存活、改善水体质量的目的。适合于电网难以覆盖的偏远河道的曝气增氧。

1. SOLARAER 型太阳能增氧机

SOLARAER 型太阳能增氧机依照解层式曝气理论，通过机械手段，制造持续超大流量的纵、横向水体循环，最大限度地将表层溶解氧超饱和水体转移到水体底层，增加底层水体的溶解氧，并消除自然分层，提高水体自净能力。采用不锈钢和工程塑料等耐腐材料，使用寿命长。

2. SWB 型太阳能增氧机

SWB 型太阳能增氧机通过控制系统，实现从上到下及从下到上两种不同的对流循环增氧系统，效果显著，在增氧的同时可以通过返流系统去除富集在水面的藻类，短时间提高水体透明度，促进水生活环境的快速修复；造型简单美观，体积小，设置维修方便，不需机房设置及土建工程。

二、生态浮岛

生态浮岛又称生物浮岛或生态浮床，利用植物根系和人工载体及其附着的生物膜，通过吸附、沉淀、过滤、吸收和转化等作用，提高水体透明度，有效降低有机物、营养盐和重金属等污染物浓度。生态浮岛是绿化技术与漂浮技术的结合体，从构造上可分为成套商品化浮岛、有框湿式浮岛、无框湿式浮岛和干式浮岛；其中成套商品化浮岛和有框湿式浮岛应用较多，尤其是成套商品化浮岛，由于安装投放较为方便，故而当前河道生态修复中被广为使用。

成套商品化浮岛结构稳定，可防止被风浪冲散和轻度机械碰撞；耐老化，具有一定的使用寿命，可反复多次使用；可扩展，便于运输易于拼接，可自由组合，具有较强的景观效果；固定简便，便于水生植物的种植和收割。生态浮岛类型多样，在选用上，应考虑以下几点。

（1）透气性好，绿色环保，防腐蚀，耐老化，使用寿命长。

（2）机械强度高，能抵抗较大风浪冲击。

（3）采用柔性连接，使浮岛整体能随水体上下浮动。

（4）价格低廉。

生态浮岛拼装单元宽度不宜大于1.5m，以浮岛两边双手能够到为宜，否则不利于其上挺水植物的养护。对于宽阔水面，对生态浮岛宽度要求较大的场合，可将多个拼装单元进行软连接，如采用尼龙扎带或尼龙绳将头尾扎住，维护时解开即可。浮岛的覆盖面根据水体污染水平、净化要求、水体规模和使用功能等情况来确定，一般和浮水植物一同使用，较佳覆盖率为20%～30%。

三、人工水草

人工水草是用高分子材料复合而成，仿水草枝叶，能在水中自由飘动，形成上中下立体结构层，具有多孔结构、高比表面积。微生物富集于人工水草表面，形成"好氧—兼氧—厌氧"复合结构的微环境，实现硝化和反硝化作用。按其结构形态主要分为生态基、生物填料及碳素纤维草三种类型。

生态基由两面蓬松的高分子材料和中间浮力层针刺而成，以阿科曼生态基为代表；生物填料类型多样，有辫带式生物填料、普通弹性填料以及组合填料等；碳素纤维通过特殊热处理工艺，将丙烯酸纤维进行碳化，制成"具有微细石墨结晶结构的纤维状碳物质"。

在河道生态治理中，人工水草应选用比表面积大、性价比高、使用寿命长、表面吸附性强，微生物易附着，且易挂膜、脱膜的产品。

四、生物制剂

向水体中投加菌剂、酶、促生剂等生物制剂，强化水体中污染物的降解。生物菌剂中微生物的来源可为土著微生物、外来微生物和基因工程菌，分为菌粉和菌液两种。菌粉是将所培养的菌种吸附在粉末介质上，产品包装容积小，但其中 99.9% 的细菌处于休眠状态，使用时有一个激活过程，故效果稍差。目前商业化应用的生物制剂有 Clear-Flo 系列菌剂、EM 菌剂、CMF 复合菌剂、Bio Oxidator TM 生物激活剂、Nutra Complex TM 生物激活剂等。

五、水生植物

用于河道生态治理的水生植物，一般应是适宜杭州地区水质条件生长的多年生水生植物，应具有耐污抗污且具有较强的治污净化潜能，根系发达、根茎分蘖繁殖能力强，植物生长快、生物量大；株高较小，不易倒伏；容易管理；四季常绿或驯化后具有一定的美化景观效果及一定经济价值的植物。

根据水生植物的造景功能、形态特征及生活习性，分为挺水植物、浮水植物、浮叶植物和沉水植物四种类型。

（一）挺水植物

挺水植物根或茎扎入泥中生长发育，上部植株挺出水面，一般植株较高大，花色艳丽，大多有茎和叶的分化。

挺水植物在河道生态治理中，主要有两种用法，即用于滨岸带和生态浮岛。若污染河水氨氮和总氮浓度偏高，则选用氮吸收能力强的植物进行搭配；若总磷浓度偏高，则选用磷吸收能力强的植物进行搭配；若氮、磷同时偏高，则选用同时对氮、磷吸收能力强的植物进行搭配。植物搭配使用时，种类不可过多，一般选择 3 ~ 4 个种类。用于生态浮岛时，宜选用植株高度相对较矮的植物，种植密度宜为 1 株 / 穴或篮，且种植过程中宜将根部泥土清理干净，以防带入杂草。用于滨岸带时，植物种植密度宜为 9 株 /m^2 ~ 12 株 /m^2。

（二）浮水植物

浮水植物的根不扎入泥土，植株漂浮于水面，位置不定，随风浪和水流四处漂浮。

浮水植物宜采用框养，且种植框底部宜铺设一层网目为 2cm ~ 5cm 的渔网，以防风浪较大或河水流速较高时冲出框外。水葫芦和大藻由于繁殖能力极强，在使用时严格注意防止其大量蔓延，种植密度以 10 株 /m² ~ 20 株 /m² 为宜；其余浮水植物种植密度以 20 株 /m² ~ 30 茎 /m² 为宜。浮水植物引种时，切忌将生有稻飞虱、蚜虫等病虫害的植株带入治理河道中。

（三）浮叶植物

浮叶植物指根或地下茎扎入泥中生长发育，无地下茎或地上茎，柔软不能直立，叶浮于水面。

（四）沉水植物

沉水植物指根或地下茎扎入泥中生长发育，上部植株沉于水中的大型植物。沉水植物的各部分均能吸收水中的养分，在白天利用光合作用释放氧气，其生长对水质有一定要求。

六、水生动物

投放数量合适、物种配比合理的水生动物，可延长生态系统的食物链，增加生态系统的稳定性，提高生物净化效果。在生态净化系统中，藻类等水生植物被浮游动物和鱼类捕食，鱼类还能有效地滤食某些浮游动物，明显限制浮游动物的现存生物量，降低水体中的 COD、TP、SS 等。

第三节　杭州城区河道生态治理模式推荐

　　河道是城市景观建设的重要因素和生态系统的重要组成部分，建设人水和谐的河道生态系统，打造水生态良好、水景观优美、水文化丰富的亲水型宜居城市，已成为许多城市的发展目标。但因河道整治系统性不够强，城市河道水质整体还不容乐观，多数河道水质还处于劣Ⅴ类，河道黑臭现象仍较严重。为进一步提高和改进现有的生态治理技术，有效指导城市河道生态治理工作，在现有河道分类的基础上和有效控制污染源的前提下，根据河道的水文和污染特性，有针对性地构建实用、适用的生态治理工艺技术，以实现整治河道主要水质指标达到《地表水环境质量标准》（GB3838-2002）Ⅴ类水质标准的目标。

　　一、轻度污染河道生态治理模式推荐

　　（一）轻度污染河道生态治理模式

　　轻度污染河道指综合污染指数 CPI 为 2～4 之间的河道。根据 2011 年杭州城区所有河道的水质监测结果，该类污染河道一般溶解氧较高，COD 较低，氮磷略高于《地表水环境质量标准》（GB3838-2002）Ⅴ类水标准，因此主要采用以水生植物为主的治理模式。

模式一：浮水植物。

适用条件：地处郊区，景观效果要求不高的河道。

模式二：沉水植物。

适用条件：透明度较高，满足沉水植物种植条件的河道。

模式三：生态浮岛。

适用条件：直立驳岸，景观效果要求较高的河道。

模式四：挺水植物带。

适用条件：自然驳岸，滨岸带水深小于 0.5m 的郊区型河道。

模式五：截留 + 水生植物。

适用条件：流量较小，常水位低于 0.5m 的山溪型河道。

（二）模式解析

（1）轻度污染河道中氨氮的去除主要有两种途径：一是植物的生长—收割，二是依靠附着生长在根区表面上微生物的硝化—反硝化作用。磷的去除则是依靠植物的生长—收割。

选择根须发达、根系较长的水生植物，能够大大扩展水生植物净化污染河水的空间，提高其净化能力。生态治理系统选择的植物应对当地的气候条件和水环境有良好的适应能力，否则难以达到理想的效果，一般优先选用当地或本地区存在的植物。不同植物的耐污能力和去污效果不同，生态治理系统应根据不同的污水性质选择不同的水生植物；如果选择不当，可能会导致植物死亡或者较差的去污效果。由于生态治理系统是全年连续运行，所以要求水生植物即使在恶劣的环境下也能基本正常生存，而那些对自然条件适应性较差或不能适应的植物都将直接影响去污效果。另外，植物易滋生病虫害，抗病虫害能力直接关系到植物自身的生长与生存，也直接影响其在生态治理系统中的净化效果，所以水生植物要具有抗冻、抗病虫害能力。不同植物种类存在相生相克现象，因此需要注意种间搭配，以避免相克效应。建设生态治理河道时，考虑一定的经济价值和景观效果，可以实现多种经营、经济上可持续发展的生态工程管理模式。

（2）轻度污染河道存在三种可能：氮偏高、磷偏高、氮磷同时偏高。根据经验，水生植物的种植面积宜控制在治理河道面积的 25% ~ 30%。对于氮偏高的污染河道，宜选择对氮去除能力较强的水生植物，挺水植物可选择千屈菜、再力花、美人蕉、旱伞草等，沉水植物可选择金鱼藻、伊乐藻和菹草等，浮水植物可选择黄花水龙、空心莲子草、聚草等。对于磷偏高的污染河道，宜选择对磷去除能力较强的植物，挺水植物可选择千屈菜、水芹、旱伞草、美人蕉等，沉水植物可选择黑藻、苦草、伊乐藻等，浮水植物可选择黄花水龙、空心莲子草、香菇草等。对于氮磷同时偏高的污染河道，则宜选择同时对氮磷吸收能力均较强的水生植物。

（3）河道生态治理要求水质达到一定要求的同时兼具一定的景观效果，生态浮岛和浮水植物的设计、安装过程中，在满足容易管理、不易倒伏的前提下，可考虑适当造型。对于景观效果要求较高的河道，冬季可考虑适当换种耐低温的水生植物及适当种植四季常绿的水生植物。

（4）对于流量较小、常水位低于 0.5m 的河道，可采用模式五进行治理，截留的形式有生态石笼、透水坝等。生态石笼或透水坝具有调蓄上游来水、对下游均衡配水、提高河水溶解氧和透明度、拦截大颗粒的砂粒或悬浮物等功能；下游水生植物宜在平整河床的基础上种植，水生植物可采用沉水、浮水或挺水的单一水生植物种植模式，也可采用沉水 + 浮水、沉水 + 挺水、浮水 + 挺水、沉水 + 浮水 + 挺水等多种植物组合模式，水生植物种植面积宜为治理水域面积的 60% ~ 70%。上游来水经生态石笼或透水坝拦截后均流过水生植物，在水生植物及其根系负载生物膜的吸附吸收作用下，使污染河水得以净化。

（5）对于透明度较高的轻度污染河道，优先采用沉水植物恢复水体生态环境；对于自然型驳坎河道，优先考虑在滨岸带适当种植挺水植物；对于景观效果要求较高的河道，可优先选用以生态浮岛为主、浮水植物为辅的治理形式；配水型河道选用浮水植物时，浮水植物必须框养，以防被河水冲走。

（三）技术要求

（1）覆盖面积：模式一、模式二和模式三中水生植物种植面积宜为治理河道水域面积的 25% ~ 30%。模式四挺水植物带种植面积根据河道具体水深情况而定。

（2）材料要求：浮水植物宜采用竹木或 PVC 网框，并在网框下部覆盖渔网种植；生态浮岛材质要求透气性好、耐老化、使用寿命长、机械强度高。

（3）宽度要求：浮水植物种植网框总宽度要求不高于治理河道宽度的1/3；生态浮岛拼装单元宽度要求不大于1.5m。

（4）植物种类要求：浮水植物要求根际沁氧能力强；沉水植物要求耐寒、耐热沉水植物混种，各占50%的面积比例；挺水植物要求生物量大、须根发达、分蘖能力强、植株较矮、不易倒伏。

（5）植物搭配要求：浮水植物要求四季常绿；挺水植物以常绿水生植物为主，搭配春、夏、秋季开花的种类。

（6）模式二中可适当搭配生态浮岛，以满足治理河道的景观需求；也可采用物理、化学、生物的手段提高河水透明度后，种植沉水植物。

（7）模式三可以生态浮岛为主，浮水植物为辅；也可全部采用生态浮岛。

（8）模式四可适当搭配浮水植物。

（9）模式五中的截留可采用生态石笼、透水坝等方式，但必须能耐受洪水冲击；水生植物可采用浮水、挺水或浮水＋挺水植物模式，植物覆盖面积为治理水域面积的75%～80%。

（四）典型案例——后横港河生态治理工程

1.项目基本情况

后横港河位于祥符街道湖州街北侧，东起大运河，西至长浜，河宽10～22m，河道周边区块环境较好，河道闸门以西约500m

为已整治段，河道截污率较高。治理前水体富营养化，高温季节易爆发蓝藻，总体水质劣于V类，有黑臭现象。

2. 生态治理技术

后横港生态治理工程采用食藻虫控藻引导生态修复技术，通过食藻虫接种与驯化、有益微生物菌种接种和培育、水下草皮种植和水体微流循环系统的建立，在约 5 500m² 水域面积内，通过多种修复手段建立水下生态系统。

3. 工程效果

水下植物种植完投放食藻虫半个月左右，蓝藻消失；水下植物种植完投放食藻虫两个月后，水质清澈见底。

二、中度污染河道生态治理模式推荐

（一）中度污染河道生态治理模式

中度污染河道指综合污染指数 CPI 在 4% ~ 6% 之间的河道。由于少量生活污水的排入，该类河道一般氮磷较高，富营养化严重。昼间藻类光合作用产氧，夜间藻类死亡消耗溶解氧，故溶解氧呈昼高夜低状，一般采用以曝气增氧为主体的治理模式。

模式一：曝气增氧。

适用条件：不适于种植水生植物的直立驳岸型河道。

模式二：曝气增氧 + 浮水植物。

适用条件：景观效果要求不高的河道。

模式三：曝气增氧 + 生态浮岛（ + 浮水植物）。

适用条件：直立驳岸，景观效果要求较高的河道。

模式四：挺水植物 + 浮水植物。

适用条件：水深小于 1.0m，生态驳岸，可直接种植水生植物的河道。

（二）模式解析

（1）根据 2011 年杭州城区河道全年监测结果，中度污染河道 COD 仍较低，主要是氮磷浓度偏高导致的水体严重富营养化，而曝气增氧是解决水体缺氧和"藻华"问题的最直接手段。由于断头型河道河水流动性差，曝气增氧机的选择应以增氧、造流为主要目的，可采用射流式增氧或造流式增氧等水下增氧系统，也可采用水下增氧与表面增氧的结合形式；对于景观效果要求较高的河段，可适当配备喷水式曝气增氧机，兼具增氧与景观的双重效果。

（2）曝气增氧机的服务面积与工作时间。推流式或造流式曝气增氧机（按 2.2kW 计）的服务面积（水域面积）一般为 400 ~ 500m²/ 台。安装初期工作时间一般设置为 20h 左右，间歇式工作；待水质恢复到预期目标后，可适当缩短工作时间。

（3）曝气增氧仅是在短期内提高河水的溶解氧水平，并消除河水在夜间的黑臭状态；待河道水质恢复到一定程度后，主要还是依靠水生植物维持曝气增氧治理的效果，并消除排入河道内的点源污染及面源污染，因此水生植物的种植面积仍宜为治理水域面积的 25% ~ 30%。

（4）水生植物的选择、植物的种植面积及植物的配置参照轻度污染河道生态治理模式。

（5）对于无外来污染源进入的河道，中度污染程度转化为轻度污染后，曝气增氧机可停用或缩短运行时间。

（三）技术要求

（1）曝气增氧机类型要求：增氧机要求以增氧、造流为主要目的；景观效果要求较高的河段，可适当配备喷水式增氧机。

（2）增氧时间要求：安装初期要求工作时间为 20h 左右，间歇式工作；待水质达到预期目标后，可适当缩短工作时间或停用。

（3）曝气增氧机功率要求：对于河宽小于 15m 的河道，曝气增氧机总功率要求不小于 $3kW/1\,000m^2$ 水面；对于河宽为 15m ~ 30m 的河道，曝气增氧机总功率要求不小于 $7kW/1\,000m^2$；河宽为 30m 以上河道，曝气增氧机总功率要求不小于 $10kW/1\,000m^2$。

（4）曝气增氧机间距要求：曝气增氧机要求平均布置，污染源较多河段，间距可适当减小；污染源较少河段，间距可适当增大。

（5）模式三以生态浮岛为主，浮水植物为辅；浮水植物和生态浮岛技术要求参见轻度污染河道治理模式。

（6）模式四中挺水植物种植方式、植物类型根据河道具体驳岸情况及水深情况而定，浮水植物和挺水植物种植面积宜为治理河道水域面积的 25% ~ 30%，相关技术要求见轻度污染河道治理模式。

第四节　城市河道生态治理设施养护要求

一、曝气增氧机养护要求

1. 每周两次定期巡检曝气机及供电线路，巡检内容

第一，观察设备是否正常启动；

第二，观察运转是否正常（声音是否正常，水流、水花是否正常，有无拥堵现象）；

第三，仔细观察裸露或外置的电器电缆有无破损或异常，出现问题及时处理；

第四，观察设备的固定有无松动情况；

第五，及时清理曝气机周围漂浮物和垃圾，以免堵塞曝气机进水口，影响其正常工作。

2. 每两月一次检查并校准控制箱内的时间继电器，及时更换电池，确保其保持自动运转控制功能。

3. 出现异常情况的处理

（1）电器部分出现故障，需立刻停机检修；

（2）涉水的维护管理作业应立即停止，以防漏电等问题出现安全事故。

4.定期保养和维修

增氧机每年(或累计运行 2500h)应维护保养一次,内容包括:拆开增氧机主体部分潜水电泵,对所有部件进行清洗,去除水垢和锈斑,检查其完好度,及时整修或更换损坏的零部件;更换密封室内和电动机内部的润滑油;密封室内放出的润滑油若油质混浊且水含量超过 50mL,则需更换整体式密封盒或动、静密封环。

5.运行时间

运行时间一般设置为:4∶00 启动,7∶00 停止;8∶30 启动,10∶30 停止;15∶00 启动,17∶00 停止;20∶00 启动,22∶00 停止;0∶00 启动,2∶00 停止。根据治理河段水质状况,可适当调整或缩短运行时间。曝气机附近25m 范围内如有居民楼、学校、医院等环境敏感点,夜间22∶00 至凌晨6∶00 停止运行。

6.应急措施实施

突发污染泄漏事件时,24h 开启曝气循环设备;

台风、大风大雨天气及强泄洪前后 2 ~ 3 天,检查曝气增氧机的固定情况,如有脱落,及时固定牢固。

二、生态浮岛养护要求

日常巡查:每周巡检两次,检查浮岛有无破损、松散及链接扣是否掉落,及时清理附着在浮岛周围的杂物或垃圾。生态浮岛单体因冲击或人为原因受到损坏时,依损坏程度进行修补或更换浮岛单体,同时补种植物。生态浮岛链接扣破损、掉落或扎带破损,及时更换链接扣或扎带。因水位涨落或其他原因而导致浮岛搁浅时，应及时将其推入水中复位。台风、大风大雨天气及强泄洪前后 2 ~ 3 天，检查生态浮岛的固定情况，如有脱落及时固定。

三、人工水草养护要求

1. 直接安装在河道中的人工水草养护要点

第一，每 6 个月人工刮除其上负载的生物膜；

第二，对于污染较为严重的河道，生物膜刮除周期为 3 个月一次；

第三，若有移位、上浮、下沉等松动现象，应及时维护加固；

第四，若河水水质达到预定标准，可打捞上岸。

2. 安装在排污口附近水域的生物填料养护要点

第一，对于安装在排污口附近水域的以弹性填料或组合填料为代表的封闭式生物处理装置，每 6 个月采用污泥泵抽取沉积在生物处理装置底部的底泥；

第二，对于直接放置在排污口附近水域的以弹性填料或组合填料为代表的封闭式生物处理装置，可不作处理，但每月巡检一次，若有脱除，及时检修或重新固定。

四、挺水植物养护要求

（1）日常巡查：每周巡查两次，及时修剪枯黄、枯死和倒伏植株，及时清理滨岸带挺水植物周围的杂物或垃圾。生态浮岛种植植物后，每半月检查一次植物的生长情况，并及时补植缺损植株。定期去除杂草，除草时注意不要破坏植被根系；对于生态浮岛上种植的挺水植物注意不要破坏浮岛单体；在生长季节，每月至少除草一次。冬至后至立春萌动前应对枯萎枝叶进行删剪。

（2）植物更换：生态浮岛上种植的挺水植物一年更换2次，时间为7月和11月；更换时将种植篮内的植株连根取出，再用利刀分出一株，重新植入种植篮内（种植方法：采用海绵将植株根系包裹密实后放入种植篮）；植物更换后每周检查1次，如有坏死，及时将根系全部取出并补种同种植物；更换下的植株要及时清除。

对于滨岸带种植的挺水植物，在春、夏季每月修剪一次，去除扩张性植物和死株，并适当修剪、挖除过密植株，以维持系统的景观效果。修剪下的植株要及时清除，防止蚊蝇滋生和影响景观。

对于因病虫害等原因造成某个或某些植被死亡时，应将植被撤出，并进行相应的补种；当植物有严重病虫害时，应撤出后再喷洒杀虫剂处理。

五、浮水植物养护要求

1.每周巡查一次，及时打捞枯黄、枯死和倒伏植株，及时清除浮水植物上的枯枝落叶。2.对于生长扩张出种植网框外的浮水植物，视超出网框外围情况，每月修剪1次；每月定时打捞一次种植网框内的浮水植物，打捞面积为网框面积的1/5；修剪、打捞出的植物残体及时运走。3.冬季霜冻后部分枯死植株应被及时打捞清理。台风、大风大雨天气及强泄洪前后2~3天，检查浮水植物种植框的固定情况，固定绳应留有足够的伸缩长度。恶劣天气过后及时检查，如有冲走，及时补种。4. 及时清除岸边浅水区的挺水类杂草，如双穗雀稗、糠稗草等，以及采用人工打捞方法去除水面非目性的浮水植物。5. 对因各种原因造成成活率较低、覆盖水面达不到设计要求的需要补植，补植方法同种植方法（浮水植物种植方法：将种苗均匀放到水体表面，要做到轻拿轻放，以确保根系完整，叶面完好，种植时植物体切忌重叠、倒置）。6. 浮水植物发生病虫害一周内，及时喷施农药。

六、沉水植物养护要求

（1）及时清除水体表面的植物及非目的性沉水植物。

（2）沉水植物长出水面影响景观时，应进行人工打捞或机割。对于浮出水面的死株，应及时清除。

（3）对于成活率不能达到设计要求的要进行补植，补植方法同设计种植方法。

（4）一年收割 1 次，收割时间为枯萎 1 周内开始收割，收割方式为机收割或人工打捞。

（5）台风、大风大雨天气及强泄洪后 2～3 天，检查沉水植物的冲毁情况，如有冲毁，及时补植。

七、水生植物病虫害防治

1. 有害生物防治原则

根据水生植物的生长习性和立地环境特点，加强对有害生物的日常监测和控制。根据不同水生植物种类、生长状况，确定有害生物重点防治的对象。禁止使用菊酯类等对鱼虾敏感的农药，提倡以生物防治、物理防治为主的无公害防治方法。

2. 水上虫害防治

（1）常见种类：刺吸类害虫（蚜虫类、叶螨类、蓟马类、蚧虫类、叶蝉类、网蝽类、飞虱类、木虱类等）和食叶类害虫（叶甲类、象甲类、夜蛾类、螟蛾类、刺蛾类、蝇类、软体动物类等）。

（2）为害特点：刺吸或锉吸水生植物水上部分植物组织汁液或取食水生植物水上部分植物组织，造成植物组织破坏，植株长势减弱。

（3）识别方法：看叶片有无卷曲，叶片表面有无结网（叶螨类），叶色有无失绿的灰白斑或失绿变灰白；看植株叶片上有无害虫分泌的蜜露（发亮的油点），叶片正面有无煤污分布；看叶片正面或反面有无灰白的蜕皮壳（蚜虫类、叶蝉类、叶螨类、飞虱类等）；看植物叶片有无食叶害虫取食造成的孔洞、缺刻，叶面有无失绿的潜道（潜叶蝇、潜叶蛾、潜叶甲等），有无拉丝结网；看植物叶面上有无虫粪，叶片背面有无发亮的粘液干燥膜和黑色分泌物颗粒（蜗牛、蛞蝓）等。

（4）防治方法：食叶害虫成虫期用高压纳米诱虫灯诱杀、性信息素诱集；食叶害虫幼虫期喷药防治，如灭幼脲、高渗苯氧威、甲维盐等；刺吸性害虫喷药防治，如苦参碱、蚜虱净、机油乳油等；叶螨类害虫喷药防治，如克螨特、哒螨灵等；软体动物害虫喷药防治，如嘧达等。

3. 水下虫害防治

（1）常见种类：水叶甲（鞘翅目），潜叶摇蚊（双翅目）。

（2）为害特点：群集地下茎节部危害，吮吸荷花等根茎的汁液，致使荷叶发黄；幼虫蛀入荷花的浮叶叶背，潜食叶肉，致全叶腐烂、枯萎。

（3）识别方法：植株生长缓慢，叶片发黄，缺少光泽，大叶明显减少，严重的整株浮出水面（水叶甲）或荷花的浮叶叶面上布满紫黑色或酱紫色虫斑（潜叶摇蚊）。

（4）防治方法：根施辛硫磷颗粒剂或茶籽饼粉（水叶甲）；叶面喷施蝇蛆净或灭蝇胺（潜叶摇蚊）。

4. 病害防治

（1）常见种类：白粉病、炭疽病、锈病、叶斑病、煤污病、病毒病等。

（2）识别方法：看植株叶片正反面有无灰白色的病斑和白色粉状物（白粉病）；植物病部有无呈轮纹状排列的小黑点（炭疽病）；叶片病部有无黄色或褐色粉状物（锈病）；叶片病部有无黑色粉煤层覆盖（煤污病）；植株有无花叶、斑驳、矮缩、丛枝等（病毒病）。

（3）防治方法：水生植物休眠期，结合清理植株上的枯枝和病叶，喷洒晶体石硫合剂等进行病菌预防控制；水生植物发病初期用药防治，如烯唑醇、氟硅唑（黑星病、锈病）；氟菌唑、丙环唑（白粉病、锈病、叶斑病）；炭特灵、咪鲜胺（炭疽病）；

病毒清、盐酸吗啉胍（病毒病）。

第五节　城市河道生态治理方案设计规范要求

城市河道生态治理方案设计内容主要有以下八个部分。

一、概述

应包括项目名称、项目建设单位、项目背景、设计依据、设计原则、设计范围、设计目的等。

二、治理河道现状分析

1.河道概况

应包括河道具体位置、治理范围、水文水利特征、河长、河宽、河底标高、常水位标高、水域面积、流量等基本数据。

2.河道现状分析

应包括河道整治情况、两岸驳坎与绿化情况、河道配水及防汛情况、河道断面分析、河水水质现状、河水生物相调查分析等。

3.污染原因分析

应包括河道水质状况分析、河道两岸截污纳管情况分析、排污口位置与水质水量分析、直排入河污水量对河道污染的贡献分析、底泥污染情况分析、上游来水对目标河段的污染分析等。

4. 目标可达性分析

明确治理目标与河水水质现状之间的差距，确定 COD、氨氮、总磷的去除总量与处理效率，分析治理目标的可达性。

三、方案设计

1. 河道生态治理技术介绍

应介绍国内外类似河道成功的治理技术、工艺和案例。

2. 治理工艺的确定

根据前文介绍的现有生态治理技术，初步确定两种治理方案，从工艺的先进性、可靠性、项目投资、运行费用、运行效果、工程实施难度、社会环境效益等多方面进行比较选择，确定适合目标河道的治理工艺。

3. 工艺设计

应包括治理工艺与技术原理、增氧量计算、水生植物种类选择、水生植物种植面积的计算与确定、生态基数量的计算与确定等。

四、生态治理工程构建

根据工艺计算结果，对治理河段按照功能区划分别构建生态治理工程。

（1）选择、确定各段曝气增氧机的类型、数量、设备参数、安装位置与安装方式。

（2）选择确定各段水生植物的种类、数量、布置形式、布置方位及种植方式。

（3）选择确定各段生态基型号规格、数量及安装方式。

（4）选择确定污染源的就地治理措施、就地治理装置的规模与数量。

（5）绘制各段平面布置详图。

如方案设计中存在本市河道生态治理中尚未采用的新技术、新方法的，应详细介绍该技术的作用机理及在其他地区试验研究成果、试点示范应用案例和注意事项等。

五、长效管理工程构建

1. 监测

应包括水质监测断面位置、监测指标和监测频次。

2. 生态治理系统的管理

应包括治理河道日常保洁、水生植物的更换与收割、生态浮床的更换、生态浮床中杂草清理、水生植物病虫害防治等。

3. 生物膜法净水系统的管理

应包括生态基的养护、脱膜方法与频次等。

4. 曝气增氧设备的运行与维护

应包括曝气增氧设备的日常维护、注意事项、汛期设备的管理要求等。

六、投资概算

应包括各实施项目的数量、单价、合价，水质监测费及项目运行费用估算等。

七、问题与建议

应指出方案设计中存在的主要问题及相关建议。

八、附件

包括治理河道平面布置总图及各功能河段平面布置详图、河道断面图等附图、附表，图中应明确实施范围、风玫瑰图、详细尺寸、设备材料清单及相关说明等。

参考文献

[1] 徐国策,李占斌,惠波.丹江鹦鹉沟小流域氮素随径流的迁移及对水质的影响 [J].吉林大学学报:地球科学版,2014(02).

[2] 邵卫伟,张勇,王备新.不同土地利用对溪流大型底栖无脊椎动物群落的影响 [J].环境监测管理与技术,2012(03).

[3] 韩志萍,吴湘,唐铭,等.南太湖入湖口蓝藻生物量与氮营养因子的年变化特征以及相关性研究 [J].水产学报,2012(06).

[4] 高鹏程,Russell G.Death,Fiona Death.大型无脊椎动物群落指数和群落数量指数在河流水质评价中的应用 [J].应用生态学报,2012(06).

[5] 汪星,郑丙辉,刘录三,等.洞庭湖典型断面藻类组成及其与环境因子典范对应分析 [J].农业环境科学学报,2012(05).

[6] 刘霞,陆晓华,陈宇炜.太湖浮游硅藻时空演化与环境因子的关系 [J].环境科学学报,2012(04).

[7] 刘志刚,渠晓东,张远,等.浑河主要污染物对大型底栖动物空间分布的影响 [J].环境工程技术学报,2012(02).

[8] 李小平,程曦,陈小华.淀山湖营养物输入响应关系的分位

数回归分析 [J]. 中国环境科学 ,2012(02).

[9] 张磊 , 张秀梅 , 张沛东 . 荣成俚岛人工鱼礁区大型底栖藻类群落及其与环境因子的关系 [J]. 中国水产科学 ,2012(01).

[10] 王娇 , 马克明 , 张育新 , 等 . 土地利用类型及其社会经济特征对河流水质的影响 [J]. 环境科学学报 ,2012(01).

[11] 肖琳 , 陈玉成 , 成剑波 . 珊溪水源地水质时空变化特征及其影响因子分析 [J]. 北方环境 ,2011(11).

[12] 王书航 , 姜霞 , 金相灿 . 巢湖水环境因子的时空变化及对水华发生的影响 [J]. 湖泊科学 ,2011(06).

[13] 张亚克 , 梁霞 , 詹跃武 , 等 . 淀山湖浮游藻类增长的氮磷限制性营养研究 [J]. 环境化学 ,2011(10).

[14] 孙海军 , 吴家森 , 施卫明 . 浙北山区典型小流域农村面源污染现状调查与治理对策 [J]. 中国农学通报 ,2011(20).

[15] 冯佳 , 沈红梅 , 谢树莲 . 汾河太原段浮游藻类群落结构特征及水质分析 [J]. 资源科学 ,2011(06).

[16] 曹溪禄 . 孤东水库水体富营养化评价及其生态控制研究 [J]. 环境科学 ,2011(04).

[17] 陈凯 , 张宗祥 , 刘朔孺 , 等 . 溱湖国家湿地公园水环境特征及底栖动物群落结构研究 [J]. 湿地科学 ,2011(01).

[18] 何萍 , 史培军 , 李向荣 . 河流分类体系研究综述 [J]. 水科学进展 ,2008(03).

[19] 徐艳会 , 刘霞 , 张光灿 , 等 . 黄前流域土壤侵蚀特征及其与环

境影响因子关系 [J]. 中国农学通报 ,2011(03).

[20] 黄金良 , 李青生 , 曲盟超 . 九龙江流域土地利用 / 景观格局 – 水质的初步关联分析 [J]. 环境科学 ,2011(01).

[21] 文航 , 蔡佳亮 , 黄艺 . 滇池流域入湖河流丰水期着生藻类群落特征及其与水环境因子的关系 [J]. 湖泊科学 ,2011(01).

[22] 刘丰 , 刘静玲 , 张婷 , 等 . 白洋淀近 20 年土地利用变化及其对水质的影响 [J]. 农业环境科学学报 ,2010(10).

[23] 姜霞 , 王书航 , 钟立香 , 等 . 巢湖藻类生物量季节性变化特征 [J]. 环境科学 ,2010(09).

[24] 吴东浩 , 张勇 , 于海燕 , 等 . 影响浙江西苕溪底栖动物分布的关键环境变量指示种的筛选 [J]. 湖泊科学 ,2010(05).

[25] 潘珉 , 高路 . 滇池流域社会经济发展对滇池水质变化的影响 [J]. 中国工程科学 ,2010(06).

[26] 贺筱蓉 , 李共国 . 杭州西溪湿地首期工程区浮游植物群落结构及与水质关系 [J]. 湖泊科学 ,2009(06).

[27] 陈爱卿 , 熊兴平 , 王备新 . 不同种植模式的茶园对溪流大型底栖无脊椎动物群落的影响 [J]. 生态学杂志 ,2009(07).

[28] 吴海燕 , 范清华 , 王备新 . 农业生产、小城镇和城市废水对西苕溪水质和底栖动物群落的影响 [J]. 应用与环境生物学报 , 2009(03).

[29] 吴乃成 , 唐涛 , 蔡庆华 . 雅砻江 (锦屏段) 及其主要支流底栖藻类群落与环境因子的关系 [J]. 生态学报 ,2009(04).

[30] 吴丰昌,孟伟,宋永会.中国湖泊水环境基准的研究进展 [J].
环境科学学报 ,2008(12).